资助项目:第二次青藏高原综合科学考察研究项目(2019QZKK0608)、四川省科技厅应用基础研究项目(2018JY0341)、高原与盆地暴雨旱涝灾害四川省重点实验室项目(2018-重点-05-04)

旺苍县农业气候资源及开发利用

张玉芳　祁生秀◎主编

内容简介

本书以四川省重点扶贫示范点——广元市旺苍县为试点,利用大量可靠气象数据和农业生产资料,分析旺苍县农业气候资源和主要气象灾害时空分布特征,评估旺苍县水稻和玉米农业气象灾害,针对旺苍县水稻、红心猕猴桃和春茶,评价三种作物的生态适宜度,开发出气象资源与农业生产技术关联应用系统并推广应用,对指导其特色产业发展和防灾减灾,助力精准脱贫具有很强的现实意义。

本书可供农业气象领域的科技人员、管理人员和高校师生参考。

图书在版编目(CIP)数据

旺苍县农业气候资源及开发利用 / 张玉芳,祁生秀主编. — 北京:气象出版社,2021.6
ISBN 978-7-5029-7458-9

Ⅰ.①旺… Ⅱ.①张… ②祁… Ⅲ.①农业气象-气候资源-资源开发-旺苍县②农业气象-气候资源-资源利用-旺苍县 Ⅳ.①S162.227.14

中国版本图书馆 CIP 数据核字(2021)第 108718 号

旺苍县农业气候资源及开发利用
Wangcang Xian Nongye Qihou Ziyuan ji Kaifa Liyong

出版发行:气象出版社	
地　　址:北京市海淀区中关村南大街46号	邮政编码:100081
电　　话:010-68407112(总编室)　010-68408042(发行部)	
网　　址:http://www.qxcbs.com	E-mail:qxcbs@cma.gov.cn
责任编辑:陈 红	终　　审:吴晓鹏
责任校对:张硕杰	责任技编:赵相宁
封面设计:艺点设计	
印　　刷:北京建宏印刷有限公司	
开　　本:880 mm×1230 mm　1/32	印　　张:3.75
字　　数:108 千字	
版　　次:2021 年 6 月第 1 版	印　　次:2021 年 6 月第 1 次印刷
定　　价:35.00 元	

本书如存在文字不清、漏印以及缺页、倒页、脱页等,请与本社发行部联系调换

《旺苍县农业气候资源及开发利用》
编委会

主　　编：张玉芳　祁生秀

副主编：杨　柳　邹雨伽　刘琰琰　王　鑫
　　　　冯文帅　杨德胜　上官昌贵

成　员（按姓氏拼音排序）：

　　　　陈东东　候奇奇　金　垚　孙　杰
　　　　王　勤　谢士娟　杨小波　杨小虎
　　　　游　超　袁永恒　张秀琼　赵　艺

前 言

农作物生长周期和天气有着密切的关系。气候变化不仅可能增加生产的不稳定性,天气好坏也将直接影响作物的收成。当发生气象灾害时,尤其遇到洪涝、干旱、低温等极端天气,将对农业生产造成极大损失。所以,准确可靠的气象大数据就具有相当重要的作用,可对农业生产做出及时、必要的指导。而农业发展始终面临着两大风险,即自然风险和市场风险。那么,认识并研究运用气象规律指导农业生产,产前的科学安排和产中的应急措施,就能大大降低自然风险带来的损失,兴利避害。

2021年中央1号文件指出,完善农业气象综合监测网络,提升农业气象灾害防范能力,这是党中央、国务院立足我国基本国情、把握我国农业生产特征、着眼于推动我国农业持续稳定健康发展对气象工作提出的新要求。农业生产离不开气象服务的支撑和保障,气象部门更应与相关部门合作,强化农业气象灾害防御工作,为加强农业应对气候变化能力建设和加快农业气象公共服务体系建设作出应有贡献。

本书以四川省重点扶贫示范点——广元市旺苍县为试点,采集当地气象大数据进行分析,针对旺苍县农业气候资源、主要气象灾害、作物综合农业气象灾害和作物生态适宜性区划进行研究,开发出气象资源与农业生产技术关联应用系统,并推广应用。希望本书的出版对旺苍县特色产业发展和防灾减灾、助力精准脱贫提供科学指导。

本书分6章。第1章基于1981—2018年旺苍县及周边共计16个气象观测站的观测资料,利用GIS(地理信息系统)技术,分析了旺苍县喜温作物稳定通过10 ℃日数及起止日期,喜温作物光、温、水农业气候资源的变化特征。第2章确定了主要气象灾害指标(干旱、暴雨和秋绵雨),利用1981—2018年旺苍县及其周边共计30个气象观测站的地面数据,分析了旺苍县主要气象灾害的时空演变特征。第3章基于自然灾害风险评估原理，综合考虑水稻和玉米生产所需自然环境、旺苍地理地貌特征复杂性、产量变异、种植面积以及当地防灾减灾能力等相关信息，利用GIS技术分别对水稻和玉米主要气象灾害进行评估，通过层次分析法和多指标综合评价法构建水稻和玉米气象灾害风险评估体系，并对其进行综合风险评估，完成对旺苍县水稻和玉米综合气象灾害风险评估。第4章基于GIS技术，结合旺苍县及其周边站点1971—2017年的气象数据和旺苍县地形、土壤数据，利用水稻、红心猕猴桃、春茶生态适宜性区划指标结合各因子权重，建立旺苍县水稻、红心猕猴桃、春茶生态适宜性区划模型，通过生态适宜性区划分析，为旺苍县水稻、红心猕猴桃、春茶农业生产规划提供参考，有助于种植区域合理安排，提高经济效益。第5章根据农业气候资源、灾害时空分布特征和主要农作物气候适宜性研究，结合农业技术专业知识构建了线上农业气象关联系统数据平台，该平台主要展示了旺苍主要作物农业气象服务指标体系，选出了适宜当地推广种植的农作物优良品种，同时实现了用户双向多维查询功能。第6章重点分析了旺苍县农业气候资源及气象灾害时空分布特征，旺苍县水稻和玉米气象灾害风险评估，旺苍县水稻、红心猕猴桃和春茶的适宜性区划结果及研究中存在的问题，针对后期研究重点提出了新方向和思路。

本书由第二次青藏高原综合科学考察研究项目(2019QZKK0608)、四川省科技厅应用基础研究项目(2018JY0341)、高原与盆地暴雨旱涝灾害四川省重点实验室项目(2018-重点-05-04)共同资助。

由于研究的阶段性和水平限制，关于气候资源开发利用的认识尚有待不断深入，本书疏漏和错误之处难免，敬请广大读者批评指正。

编者

2021年1月6日

目 录

前言
引　言 …………………………………………………………（ 1 ）
第 1 章　旺苍县农业气候资源分析 ………………………（ 7 ）
  1.1　数据来源 …………………………………………………（ 7 ）
  1.2　农业气候资源判定指标 …………………………………（ 7 ）
    1.2.1　活动积温的计算 ……………………………………（ 7 ）
    1.2.2　稳定通过界限温度起止日期的确定 ………………（ 8 ）
    1.2.3　稳定通过 10 ℃日数及起止日期的变化特征 ……（ 8 ）
    1.2.4　喜温作物生长期热量资源的变化特征 ……………（ 10 ）
    1.2.5　喜温作物生长期水分资源的变化特征 ……………（ 12 ）
    1.2.6　喜温作物生长期日照资源的变化特征 ……………（ 13 ）
第 2 章　旺苍县主要气象灾害时空分布特征分析 ………（ 15 ）
  2.1　数据来源 …………………………………………………（ 15 ）
  2.2　气象灾害指标确定 ………………………………………（ 15 ）
    2.2.1　干旱 …………………………………………………（ 15 ）
    2.2.2　暴雨 …………………………………………………（ 16 ）
    2.2.3　秋绵雨 ………………………………………………（ 17 ）
  2.3　气象灾害时空分布特征 …………………………………（ 18 ）
    2.3.1　干旱 …………………………………………………（ 18 ）
    2.3.2　暴雨 …………………………………………………（ 22 ）
    2.3.3　秋绵雨 ………………………………………………（ 24 ）

第3章 旺苍县水稻和玉米气象灾害风险评估 ……………………（26）

3.1 数据来源 ………………………………………………………（26）
3.2 生育期划分 ……………………………………………………（26）
3.3 灾害风险评估原理 ……………………………………………（27）
3.4 作物农业气象灾害风险评估指标确定 ………………………（28）
3.4.1 水稻灾害风险评估指标确定 ……………………………（28）
3.4.2 玉米灾害风险评估指标确定 ……………………………（34）
3.5 水稻农业气象灾害风险评估 …………………………………（39）
3.5.1 抽穗期高温风险评估 ……………………………………（39）
3.5.2 抽穗期暴雨风险评估 ……………………………………（40）
3.5.3 抽穗期连阴雨风险评估 …………………………………（41）
3.5.4 灌浆期低温冷害风险评估 ………………………………（42）
3.5.5 灌浆期连阴雨风险评估 …………………………………（43）
3.5.6 乳熟期低温冷害风险评估 ………………………………（44）
3.5.7 水稻农业气象灾害风险评估 ……………………………（45）
3.6 玉米农业气象灾害风险评估 …………………………………（47）
3.6.1 花期暴雨灾害风险评估 …………………………………（47）
3.6.2 灌浆期连阴雨灾害风险评估 ……………………………（49）
3.6.3 成熟期高温及暴雨灾害风险评估 ………………………（50）
3.6.4 孕穗期干旱灾害风险评估 ………………………………（52）
3.6.5 玉米农业气象灾害风险评估 ……………………………（53）

第4章 旺苍县作物生态适宜性研究 ……………………………（56）

4.1 作物适宜性区划指标确定 ……………………………………（56）
4.1.1 水稻适宜性指标确定 ……………………………………（56）
4.1.2 红心猕猴桃适宜性指标确定 ……………………………（60）
4.1.3 春茶适宜性指标确定 ……………………………………（62）
4.2 作物适宜性区划等级评价方法 ………………………………（63）
4.2.1 水稻生态适宜度评价 ……………………………………（64）
4.2.2 红心猕猴桃生态适宜度评价 ……………………………（64）

4.2.3　春茶生态适宜度评价 ………………………………（66）
　4.3　作物生态适宜性分析 …………………………………（66）
　　4.3.1　水稻生态适宜性区划 ………………………………（66）
　　4.3.2　红心猕猴桃生态适宜性区划 ………………………（71）
　　4.3.3　春茶生态适宜性区划 ………………………………（81）

第5章　旺苍县农业气象关联系统数据平台建设 ……………（86）
　5.1　功能概述 ………………………………………………（86）
　5.2　建设内容 ………………………………………………（86）
　5.3　应用推广情况 …………………………………………（92）

第6章　结论与讨论 ……………………………………………（94）
　6.1　旺苍县农业气候资源及气象灾害时空特征分析 ………（94）
　6.2　旺苍县水稻气象灾害风险评估 ………………………（95）
　6.3　旺苍县玉米气象灾害风险评估 ………………………（97）
　6.4　旺苍县水稻适宜性区划 ………………………………（98）
　6.5　旺苍县红心猕猴桃适宜性区划 ………………………（99）
　6.6　旺苍县春茶适宜性区划 ………………………………(102)

参考文献 …………………………………………………………(104)

引　言

　　减缓气候变化影响是当今全球社会面临的两大热点问题之一,农业生产活动与其密切相关,但以大气温度升高和极端气候事件频发为特征的气候变化已给全球农业带来不同程度的影响。相关研究表明,气候变化导致全球玉米和小麦平均单产分别下降了 3.8% 和 5.5%,若未来大气温度持续升高,将导致更为严重的作物减产,特别是在低纬度地区,即使小幅的升温(1~2 ℃)也会显著影响种植业和畜牧业的生产能力,不利于全球粮食安全;反之,农业生产和与之相关的土地利用变化(主要是森林砍伐)也导致了温室气体的大量排放,占据了人类活动引发的全球温室气体排放总量的 30% 左右。因此,近 50 年来,国内外有不少围绕气候变化与农业生产的关系及相互应用展开的研究,尤其在当前气候变暖大背景下,最大限度利用当地气候资源,在区域尺度上全面认识作物对种植区域气候的适应性研究等方面已经成为当下研究热点。

　　农业气象是研究农业与气象条件之间相互关系及其规律的科学,是应用气象学的一个重要分支。人们常把粮食生产的波动归咎于世界范围的"气候异常",于是各国都相应地加强了农业气象的研究工作。美国、俄罗斯、日本、印度、欧洲、非洲、南美等世界各国从 20 世纪 60 年代中期开始在农业气象预报方面就投入了不少力量,着重分析天气气候与作物产量之间的关系,数学模拟作物各生长发育过程,建立天气—产量模式方程,并在预测和预报可能产量中取得了一些有益的成果。到了 70 年代后期,产量预报的研究发展迅速,但其后又有专家提出不能单以作物产量来评价气候变化对农业生产的影响,应同时发展其他如原始资料的表征法、温度条件预期变化的统计分析等评价方法。20世纪70—80年代,围绕农业气象模式进行研究的国家日益增多,模拟对象不断扩大,方法多样化、深入化,除气象因子外逐步发展到作物、土壤及管理因素等多因子考虑。尤其是具有强大生命力的动态模式研究有了长足发展,它能较正确全面地反映农业生产对象与环境条件的关系,也能够应用于较广大的地区。当时,国外农业气象工作的领域不断扩大,从经验性的、描述性的、定性的状况向理论性的、定量的、客观的方向发展;科研和服务工作也有了一定发展,少数科学技术先进的国家已初步实现综合农业气象观测遥测化,进入了采用数理方法和用现代技术装备起来的室内实验与田间试验相结合的阶段,美国和日本开始加强气象和农业部门以及农业气象学家与有关学科科学家的密切协作,积极开展学术交流,以此促进农业气象科学发展。进入20世纪90年代,国外农业气象研究主要集中于数值方法和系统方法在农业气象研究中的应用,农业气候资源开发利用研究和农业气象灾害规律及防御措施的研究受到重视,农业气象情报、预报和决策服务系统日趋成熟,气候变化对农业及生态环境影响的研究引起普遍关注。同时,微气象学与农业小气候学研究取得了某些突破性进展,研究农作物生产系统和作物生长发育过程的动态模拟和数学模式已成为当今农业气象科研的前沿领域和强有力的手段,作物气象研究不断向纵深方向发展,农业气象和农田小气候观测逐步走向综合自动化和遥感化。

我国的农业气象工作,经过了创建发展时期、调整巩固时期、遭受破坏时期和稳定发展时期,研究领域不断拓宽,逐步与国家经济建设相适应,取得了一批研究成果,研究方法有了较大改进,研究深度有一定提高。随着实践日新月异的发展,今天气象学和农学的研究及应用都已达到了相当高的水平,无论在国内还是国际上,农业气象都已进入了一个比较先进的阶段,气象与农业的关系已经发生了某种质的飞跃。我国农业气象科学在国际上的学术水平,总体上处于中等地位,但在农业气候、农业气象灾害、农业气象监测预警等领域未达到国际先进水平,与发达国家相比还有一定差距,但在应用方面处于世界前列。尤其在作物气候适应性研究方面已经取得了一定进展,如齐永胜等(2010)分析了雷竹出笋期、枝条生长、展叶、竹鞭生长等期间的生长规律及气象条件对雷竹生长的影响,结合贵溪本地气候进行了讨论,同时就贵溪种植雷竹的气候条件和原产地进行了比较,得出在各个生长时期贵溪气候均能较好地满足雷竹生长的需要;岳云等(2014)简述了玉米对气候的适应性,从不同栽植密度、灌溉方式和氮肥方面,探讨了栽培措施对玉米产量和品质的影响;解华云等(2015)通过对原产地火龙果生长适宜气候条件和钦州市气候条件的对比分析,得出钦州市辖区光照、温度、降水等气候条件基本适宜火龙果的生长;蒲金涌等(2002)通过1986—1989年甘肃省庆阳市气象局西峰农业气象试验站试验田黄花菜栽培试验,分析了黄花菜气候适应性,探讨了采蕾期持续时间等产量要素与水分条件的关系,分析了气象条件对日采摘量的影响,确定了其生态气候主导指标,依此对陇东黄花菜种植进行分区。李超等(2005)通过1999—2001年贵州省油菜区域试验资料,对黔油18号生态适应性进行分析,结果表明其综合性状好,丰产稳定性强,在有利的环境条件下具有较大的增产潜力,属于高产稳产类型品种,具有广泛的适应性。鲁巨等(2009)通过分析谷子主要生育期降水量波动对谷子产量的影响,概述了谷子生育期不利的气象因素,探索了谷子在该区的气候适应性,提出了大同地区谷子优质、高产、稳产的农业气象适用技术。从气候角度研究影响作物生产的主要因素,可为合理利用气候资源发展生产提供科学依据。

国外在灾害风险分析研究方面起步较早,对自然灾害的定义、主要分析方法等都进行过深入研究。风险分析在近二三十年来得到迅速发展,并已广泛应用于生物、医学、技术应用、环境和工程等领域。几乎所有灾害均包括自然因素、社会因素、心理因素。自然灾害风险分析作为多学科交叉的边缘科学,它以灾害模型、抗灾性能模型、承灾体密度模型和灾害损失模型为基础,目前成熟的成果尚不多见。Petak等(1984)对美国主要自然灾害的风险分析进行了详细的论述,但针对农业灾害的风险评估基本没有涉及。Snyder等(2005)对霜冻发生的可能性给出了计算方法,并提出了产量灾损风险的定量计算。日本继英美之后也比较注重风险评估和区划的研究,其针对性强,注重实效,取得了令人瞩目的成就。国外风险估算方面,往往根据研究的侧重点将其分为社会风险、经济风险、环境风险、潜在风险及综合风险等类型,各个类型内部又包含应用于不同领域的多个估算模型。总体来看,国外学者在风险分析研究方面多注重经济领域和重大自然灾害等方面,在农业气象灾害风险方法研究成果不多(王春乙,2007)。

灾害风险评估是一种把被动抗灾和救灾转换成主动的减少和防御灾害的行之有效的办法(郭晓梅 等,2017)。中国气象科学研究院一直在从事农业气象灾害预警和评估等相关技术研究,"十五"期间,主要针对华北农业干旱、东北作物低温冷害、江淮小麦油菜渍害、华南经济林果寒害等主要农业气象灾害,运用统计预测方法和机理预测方法相结合,研制了长、中、短不同预报时效相结合的农业气象灾害预测预警技术。2006年12月,中国气象局成立了灾害监测预警中心,加强了中国气象灾害管理,提高了灾害监测和预警能力。"十一五"期间,中国气象科学研究院王春乙主持国家重大科技支撑项目"农业重大气象灾害监测预警与调控技术研究"。史培军率先提出灾害不应该是由片面的、孤立的某种因子造成,而是由致灾因子的危险性、孕灾环境的敏感性、承灾体的脆弱性,以及防灾减灾多方面的相互作用共同决定的(史培军,1996)。许多学者专家基于此原理进行灾害区划和风险评估。比如罗培(2007)以重庆地区的干旱为研究对象,基于三个因素对干旱进行灾害区划。张继权等(2012)根据自然灾害风险指数法和层次分析法对辽西北地区玉米干旱进行综合评估。孔坚文(2012)建立陕西省冬小麦农业气象灾害风险评估模型,并运用层次分析法和自然断点分级法,进行风险评估。陆魁东等(2013)运用相关性分析和专家打分法确定权重,并利用GIS平台将风险可视化。陈家金等(2012)运用灾害风险评估原理,建立影响龙眼产量的多灾种综合风险评估指标体系,并进行风险评估。

FAO(联合国粮农组织)于2010年率先提出了气候智慧型农业

(Climate-smart Agriculture,CSA)的理念,强调发展气候智慧型农业既可增加农业生产,为消除贫困做出贡献,也可使农业更适应气候变化。近年来,各国也围绕气候智慧型农业理念开展了大量的政策激励、技术优化、模式集成以及示范推广等方面的研究与应用,气候智慧型农业的发展方兴未艾。如今,全球基于气象大数据的智慧农业发展迅猛,尤以美国和日本走在最前端,两国已有自己的商业气象公司,通过气象传感系统等智能设备的广泛应用,可为客户提供农业生产风险咨询、防灾减灾等公益或商业气象服务。

农业生产与气象条件有着密切的关系,气象因素既是农业生产的重要环境条件,又提供了农业气候资源,同时对于其他农业环境因子和农业自然资源还有着重要影响。气象信息在农业生产中起着很重要的作用,有很广阔的应用空间,气象信息的日常预报可以指导农民更加合理地进行农业生产活动,提高农作物的产量和品质,掌握相关气候因素变化,还有利于准确判断奶牛等家畜生产力和繁殖的情况。

早在20世纪80年代,武昌县气象局的科技档案工作者就和科技人员紧密合作,编制了为指导当地农业生产提供科学依据的《武昌县农业气候图集》,使得该县在耕地面积年年减少的情况下,粮食总产却年年上升。近年研究表明,气象信息服务在农业安全生产中发挥着防汛保障、抗旱保障、农业灾害知识宣传、利用网络有机结合信息等作用。各地气象部门也为服务"三农"(农业、农村、农民)做了大量基础性工作,但仍存在农业气象服务品种单一、气象信息传达缺乏及时性、针对性、准确性,气象信息没有趋向性,农民获取气象服务信息渠道不畅,从业人员力量薄弱等问题。只有通过更新农业气象服务理念、强化灾害预报预警能力、强化灾害应急的响应能力、加强农业气象信息服务人才队伍的建设、建立完善的农业气象信息公共服务体系、提高气象灾害监测预报能力等方式逐步解决。另外,还有研究从气象农业科技服务的角度进行分析,提出关键要抓好营利性和公益性的平衡点,构建互联网+气象平台,积极开发气象服务产品,为农业生产做贡献。目前已有湖南等省开发出互联网+气象+农业相关服务产品。现如今,科学技术发展迅速,信息化发展进程也在不断加快,气象行业在内部累积的气象数据数量不断增加,应用价值比较高,进入21世纪数据信息时代,大部分研究开始关注气象大数据的应用。成兆金等(2008)介绍的农业气象业务系统,实现了农业气象数据管理的规范化、信息化、自动化。王治海等(2016)研制了浙江省春茶生产气象服务业务系统并推广应用,该系统实现了浙江春茶气象服务的定量化和精细化。随着我国农业的快速发展和气候变化引起的气象灾害的加剧,迫切需要加强农业重大气象灾害监测预警与调控体系建设。目前已有新疆、西藏、广东、广西、山东等省(区)开展了相关研究,后续将通过应用成效进一步改进完善。

第1章 旺苍县农业气候资源分析

1.1 数据来源

气象数据来自四川省气象探测数据中心,主要为1981—2018年旺苍县及其周边共计16个气象观测站(广元、旺苍、青川、剑阁、苍溪、南部、营山、蓬安、仪陇、西充、阆中、高坪、巴中、通江、南江、平昌)的地面气象数据,包括日平均气温、日照时数、最高气温、最低气温、相对湿度、20—20时降水量6项。地形数据采用国家基础地理信息中心提供的1∶250000的数字高程模型(DEM)数据。

1.2 农业气候资源判定指标

1.2.1 活动积温的计算

温度常常是影响发育的主要因子,积温更能准确地反映出作物生育期间对温度的要求(张红 等,2012;戴声佩 等,2014;董满宇 等,2008)。大于或等于作物生长下限温度(如10 ℃)的日平均温度称为活动温度,再逐日累计加起来叫活动积温。活动积温在农业气候分析、区划和农业气象预报方面都有重要影响。活动积温计算的具体方法如下:

$$A_a = \sum\nolimits_{i=1}^{n} T_i, T_i > B; T_i \leqslant B, T_i = 0$$

式中，A_a 为活动积温，n 为该时段天数，T_i 为第 i 天的平均气温，B 为界限温度。

1.2.2 稳定通过界限温度起止日期的确定

界限温度是指象征着某些物候现象或者作物生长发育起止、农业活动起止的日平均温度。常用的界限温度有 0 ℃、5 ℃、10 ℃、15 ℃ 和 20 ℃。10 ℃ 是喜温作物开始生长的界限温度，也是喜凉作物迅速生长、多年生作物开始较快积累干物质的温度（冯秀藻 等，1991）。日平均气温稳定通过 10 ℃ 的时期是越冬作物生长活跃期和喜温作物生长活动期（蒋啸 等，2019）。旨在分析旺苍的农业气候资源，故选用 10 ℃ 作为评估当地作物生长发育热量条件的界限温度，以≥10 ℃ 的日数作为作物的温度生长期，春季日平均气温≥10 ℃ 作物开始生长发育，秋季日平均气温＜10 ℃ 作物生长发育速度减缓，采用 5 a 滑动平均法计算稳定通过界限温度的起止日期。

1.2.3 稳定通过 10 ℃ 日数及起止日期的变化特征

1981—2018 年旺苍县稳定通过 10 ℃ 日数变化如图 1.1 所示。38 年来旺苍县稳定通过 10 ℃ 日数呈上升趋势，上升率为 5.416 d/10a，旺苍县年平均稳定通过 10 ℃ 日数为 253 d。作物稳定通过 10 ℃ 日数逐

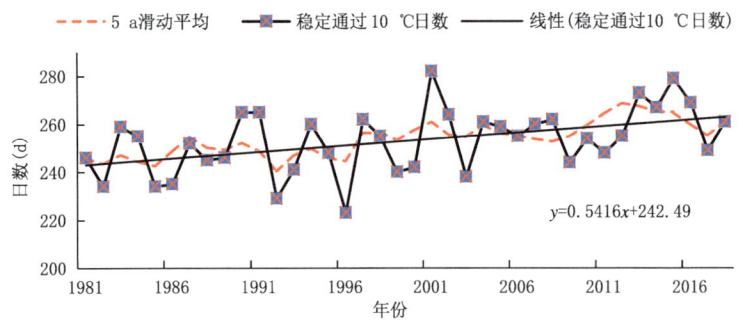

图 1.1　1981—2018 年旺苍县稳定通过 10 ℃ 日数变化

渐增加意味着作物生长期的延长,有利于作物的有机物的积累,提高农作物的品质与产量。

旺苍县稳定通过 10 ℃ 日数空间分布如图 1.2 所示,旺苍县大部分地区的年平均稳定通过 10 ℃ 日数都在 250 d 以上,只有在东部小部分区域生长期日数小于 250 d。

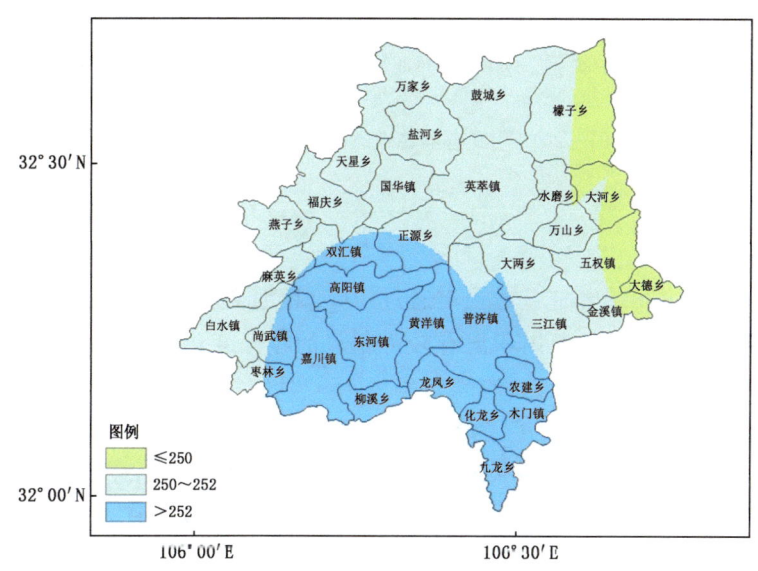

图 1.2　旺苍县稳定通过 10 ℃ 日数空间分布图(d)

1981—2018 年旺苍县稳定通过 10 ℃ 的起止日期(用日序表示)变化如图 1.3 所示,用 1～365 d(闰年为 1～366 d)来表示一年中的日期。稳定通过 10 ℃ 的开始日期随时间呈下降趋势,稳定通过 10 ℃ 的结束日期随时间呈上升趋势。开始日期的提前和结束日期的滞后表明了作物稳定通过 10 ℃ 日数随时间呈上升趋势。开始日期对应的日序平均值为 68.9 d,结束日期对应日序平均值为 320.9 d,表明旺苍县稳定通过 10 ℃ 开始日期在 3 月 10 日左右,而结束日期在 11 月 17 日左右。

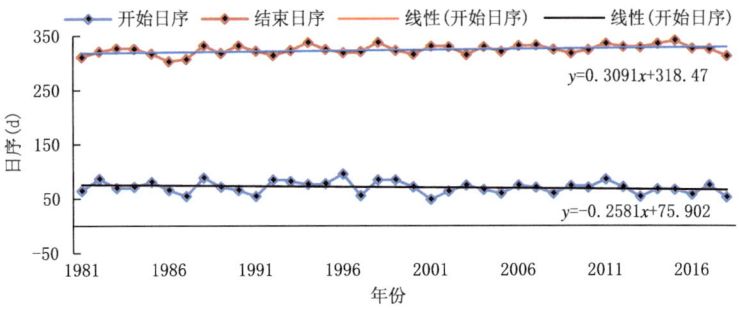

图1.3 1981—2018年旺苍县稳定通过10 ℃起止日期(日序)变化

1.2.4 喜温作物生长期热量资源的变化特征

1981—2018年旺苍县稳定通过10 ℃积温变化如图1.4所示,38年来旺苍县的生长期内积温有较为明显的年际变化和年代际变化特征,波动较大,呈上升趋势,倾向率为150.31(℃·d)/10a。生长期积温最大值出现在2015年,为5705.44 ℃·d,最小值出现在1992年,为4802.52 ℃·d。作物生长期的积温变化随时间呈上升趋势,表明了从20世纪80年代以来,旺苍县的热量资源条件越来越适宜当地作物的生长发育。

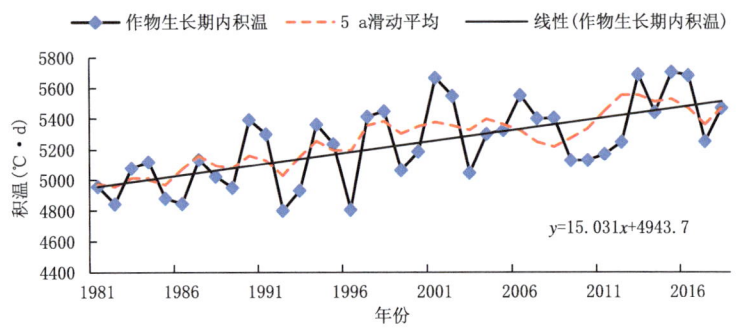

图1.4 1981—2018年旺苍县稳定通过10 ℃积温变化

旺苍县稳定通过 10 ℃ 积温空间分布如图 1.5 所示,插值后的积温范围是 4254.5～5617.7 ℃·d,按照指标划分为≤4550 ℃·d、4550～4900 ℃·d、4900～5250 ℃·d 和＞5250 ℃·d。≤4550 ℃·d 的区域较少,主要是集中在鼓城乡、檬子乡、盐河乡、英萃镇、水磨乡和大河乡,这些地区的热量相对较低,可能对旺苍县作物生长和产量有一定影响;＞5250 ℃·d 的区域主要集中在旺苍县南部的低海拔地区,热量条件充足,有利于植物生长发育;4550～4900 ℃·d 的区域主要分布在旺苍县南部,所占区域由南向北随地形延伸逐渐减小,4900～5250 ℃·d 的区域由中部至北部随地形延伸面积逐渐减小,以上两个区域的分布都较为分散。

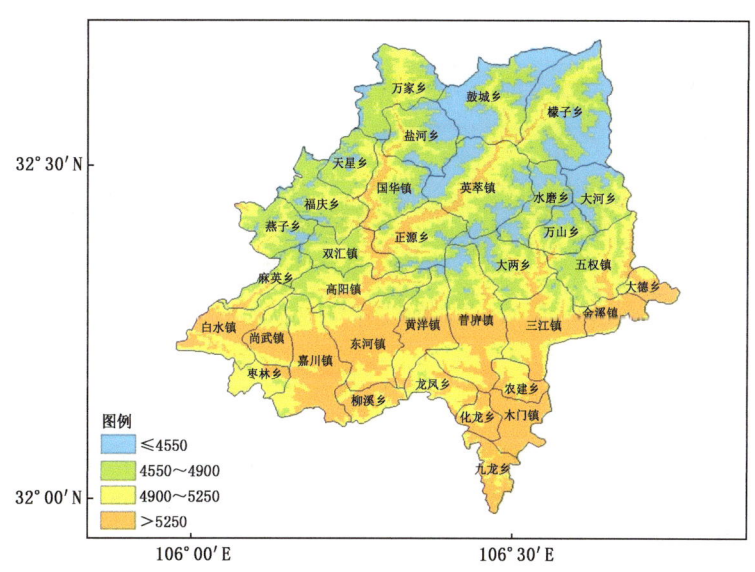

图 1.5　旺苍县稳定通过 10 ℃ 积温空间分布图(℃·d)

1.2.5 喜温作物生长期水分资源的变化特征

降水是影响农业的主要因素之一,其中降水对于当地农作物的种类以及农业生产的类型起着决定性作用。对水分资源要求较高的作物需要种植在降水丰富的地区,例如水稻;耐旱作物可以种植在降水较少的地区,例如小麦。

1981—2018年旺苍县喜温作物生长期降水量变化如图1.6所示,38年来旺苍县的作物生长期降水量整体呈下降趋势,1990—2010年降水量相比其他年份较少,且变化幅度不大。1981年生长期降水量为2035.5 mm,为38年来最大值,最小值出现在1997年,为676.9 mm。

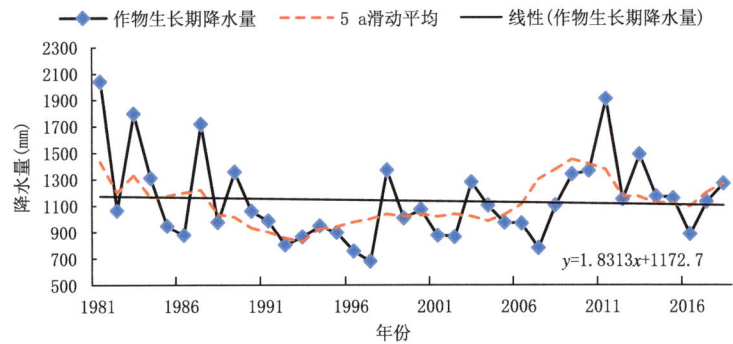

图1.6 1981—2018年旺苍县喜温作物生长期降水量变化

旺苍县喜温作物生长期降水量空间分布如图1.7所示,插值后的降水量为391.2~1129.71 mm,按照指标划分为≤600 mm、600~800 mm、800~1000 mm和>1000 mm。>1000 mm的区域面积最大,主要是分布在旺苍县的中部和北部;≤600 mm的区域主要集中在旺苍县南部低海拔地区,横跨白水镇、尚武镇、嘉川镇、东河镇等,东西方向呈带状;600~800 mm和800~1000 mm的区域都随着旺苍县的地形由南向北延伸,面积逐渐减小。

第1章 旺苍县农业气候资源分析

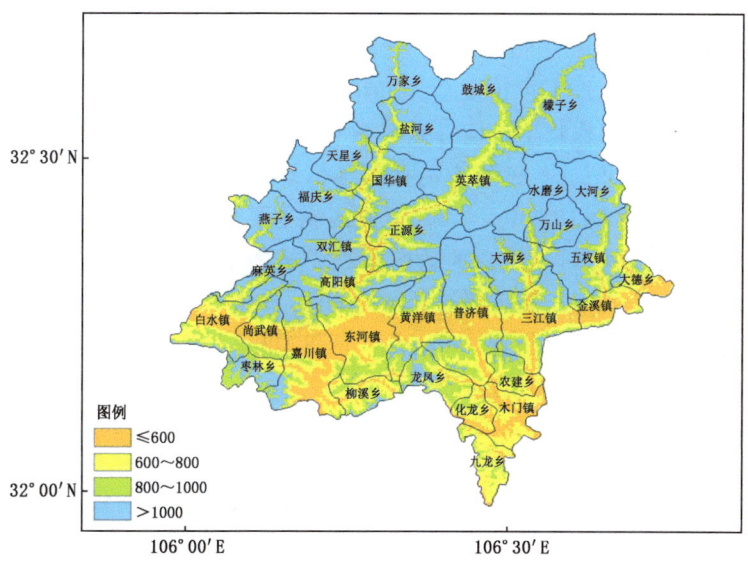

图1.7 旺苍县喜温作物生长期降水量空间分布图（mm）

1.2.6 喜温作物生长期日照资源的变化特征

旺苍县1981—2018年喜温作物生长期日照时数变化如图1.8所

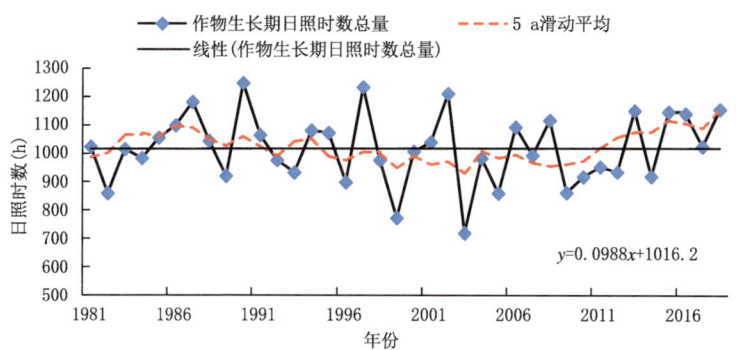

图1.8 旺苍县1981—2018年喜温作物生长期日照时数变化

· 13 ·

示,38年来旺苍县喜温作物的生长期日照时数较平稳,起伏较小,呈上升趋势,倾向率为 0.988 h/10a。日照时数最大值为 1248.4 h,出现在 1990 年,最小值出现在 2003 年,其值为 719.2 h。

旺苍县喜温作物生长期日照时数空间分布如图 1.9 所示,插值后的日照时数为 391.2～1190.8 h,按照指标划分为≤600 h、600～800 h、800～1000 h 和＞1000 h。≤600 h 的区域主要分布在旺苍县的中部以及北部大范围地区,光照少的地区不利于植物生长发育；＞1000 h 的区域主要集中在旺苍县南部的低海拔地区,日照充足,有利于作物进行光合作用以及积累有机物；600～800 h 和 800～1000 h 的区域分布都较为分散,由南向北随地形面积逐渐减小。

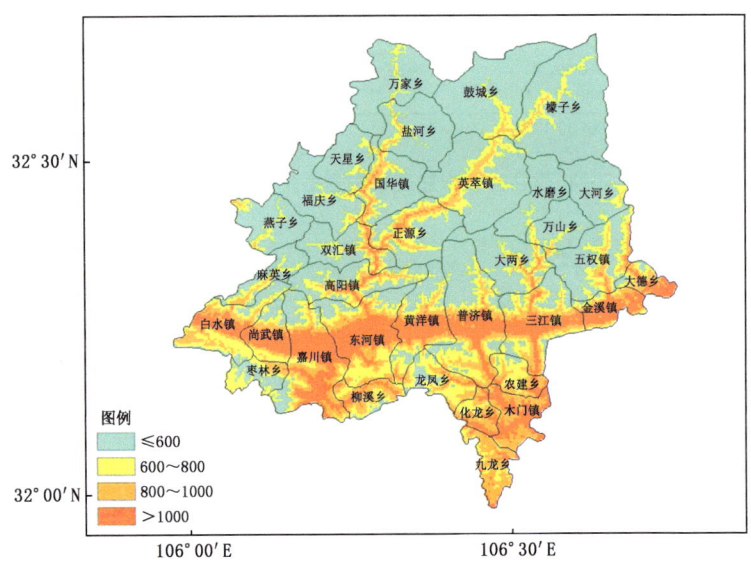

图 1.9　旺苍县喜温作物生长期日照时数空间分布图(h)

第 2 章 旺苍县主要气象灾害时空分布特征分析

2.1 数据来源

气象数据来自四川省气象探测数据中心,主要为 1981—2018 年旺苍县及其周边共计 30 个气象观测站的地面气象数据,包括日平均气温、日照时数、最高气温、最低气温、相对湿度、20—20 时降水量等。地形数据采用国家基础地理信息中心提供的 1∶250000 的数字高程模型(DEM)数据。

2.2 气象灾害指标确定

2.2.1 干旱

干旱是指某地区长时间少雨或无雨,水量亏缺,不足以满足人类生存和经济发展的气象灾害。干旱对作物影响与作物的种类以及干旱发生的时间段息息相关(张淑杰 等,2011;张建军 等,2014;王明田,2012)。春旱使春播作物缺苗断垄,越冬作物不能正常生长。7—8 月的伏旱危害玉米、水稻的正常生长。

旺苍县位于西太平洋副热带高压(简称副高)的西北侧,属于亚热带湿润季风气候,受地形和暖湿气流影响,干旱频发,根据旺苍县干旱发生的特点及规律(姚志国 等,2011),旺苍县发生干旱灾害的时间段不同,将其分为春旱、夏旱和伏旱三种。统计方法如下。

春旱:对选取的任意站点,计算 3 月 1 日至 5 月 5 日滑动 30 d 降水量,当滑动 30 d 降水量出现≤20 mm 且在该滑动时段的前 3 d 无日降水量≥10 mm 时,该滑动时段的起始日期为春旱的开始时间。当滑动 30 d 降水量从≤20 mm 上升为>20 mm 且其后 3 d 无日降雨量≥10 mm 时,则将滑动 30 d 降水量≤20 mm 滑动时段的终止时间为该次春旱的结束日期。将确定的开始时间到结束时间视为该站点发生了一次春旱,开始到结束所经历的天数则视为春旱持续的日数。

夏旱:对选取的任意站点,计算 4 月 26 日至 7 月 5 日的滑动 20 d 降水量,当滑动 20 d 降水量出现≤30 mm 且在该滑动时段的前 2 d 无日降水量≥25 mm 时,该滑动时段的起始日期预置为夏旱的开始时间。当滑动 20 d 降水量从≤30 mm 上升为>30 mm 且其后 2 d 无日降水量≥25 mm 时,则滑动 20 d 降水量≤30 mm 滑动时段的终止时间为该次夏旱的结束日期。将确定的开始时间到结束时间视为该站点发生了一次夏旱,开始到结束所经历的天数则视为夏旱持续的日数。

伏旱:对选取的任意站点,计算 6 月 26 日至 9 月 5 日之间滑动 20 d 降水量,当滑动 20 d 降水量出现≤35 mm 且在该滑动时段的前 2 d 无日降水量≥25 mm 时,该滑动时段的起始日期预置为伏旱的开始时间。当滑动 20 d 降水量从≤35 mm 上升为>35 mm 且其后 2 d 无日降水量≥25 mm 时,则滑动 20 d 降水量≤35 mm 滑动时段的终止时间为该次伏旱的结束日期。将确定的开始时间到结束时间视为该站点发生了一次伏旱,开始到结束所经历的天数则视为伏旱持续的日数。

2.2.2 暴雨

旺苍县受地理位置影响,夏季多雨且降水集中。暴雨严重影响农作物生长发育以及产量,主要体现在暴雨时段光照条件不足,造成农作物机械损伤以及在抽穗开花期影响作物授粉。同时暴雨也会导致低洼地区农田积水,甚至引发洪涝,对当地的经济发展造成巨大的损失。统计方法如表 2.1 所示。

表 2.1 暴雨分级标准

暴雨等级	百分位数
1 级	60%～80%
2 级	80%～90%
3 级	90%～95%
4 级	95%～98%
5 级	≥98%

暴雨过程降水量是指通过连续降水日数把过程降水量划分为一个过程,一旦出现降水量为 0 则视为该过程已经结束,要求在此过程中降水量≥50 mm 的天数至少 1 d,然后累加整个过程降水量。先统计旺苍县及周边共计 16 个站点的 1～10 d(包含 10 d 以上)的暴雨过程降水量,将过程降水量作为一个序列,建立 10 个时间长度不同的降水过程序列;计算各个序列的第 60 百分位数、第 80 百分位数、第 90 百分位数、第 95 百分位数、第 98 百分位数的降水量值,并以此作为划分暴雨强度的标准将暴雨分为 5 个等级,最后计算各台站不同暴雨等级发生频次。

基于暴雨强度等级越高,所占权重越大的原则,将暴雨强度 5 级权重取 5/15,4 级权重取 4/15,3 级权重取 3/15,2 级权重取 2/15,1 级权重取 1/15。利用加权综合评价法,计算暴雨加权频次来分析暴雨灾害产生的危害程度。

2.2.3 秋绵雨

四川气候特点之一是秋季多绵雨。秋绵雨带来的低温阴雨寡照天气,轻则延长玉米和水稻的成熟期,重则使种子发芽、作物倒伏等。秋绵雨的统计方法为:对选取的任意站点,每年 9—11 月,当日降水量≥0.1 mm 且降水日持续 7 d 及其以上则计为一次秋绵雨。

2.3 气象灾害时空分布特征

2.3.1 干旱

2.3.1.1 春旱

1981—2018年旺苍县春旱频次变化如图2.1所示,38年来旺苍县发生春旱的频次呈下降趋势,倾向率为-0.147次/10a。1991年和1995年这两年都发生了3次春旱,其余年份大多只发生了1次春旱或者1次都没有。

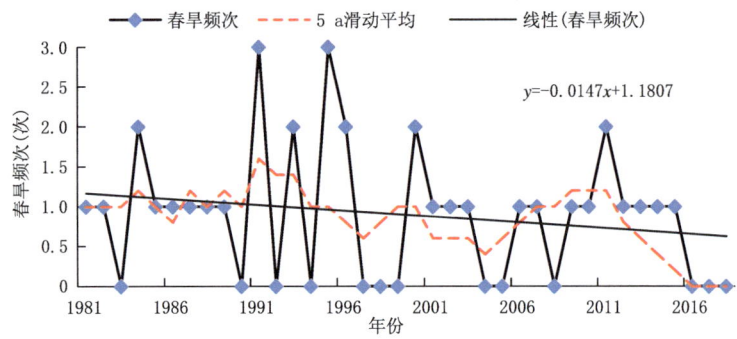

图2.1 1981—2018年旺苍县春旱频次变化

旺苍县春旱频次空间分布如图2.2所示,由西至东春旱发生频次逐渐减小,其中≤7.9次/10a、7.9~8.7次/10a和8.7~9.5次/10a呈经向带状分布,占据在旺苍县大部分地区;>9.5次/10a只分布在西部小部分地区,例如福庆乡、燕子乡和麻英乡等。

2.3.1.2 夏旱

1981—2018年旺苍县夏旱频次变化如图2.3所示,38年来旺苍县发生夏旱的频次呈下降趋势,倾向率为-0.256次/10a。与春旱相似,

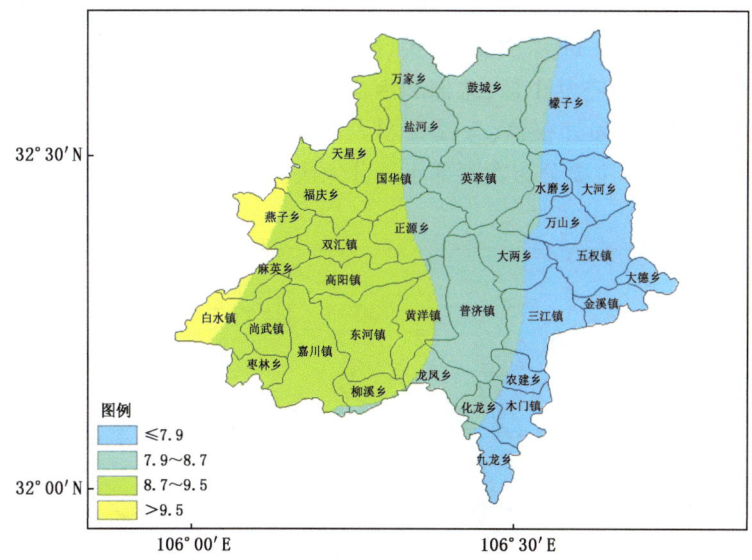

图 2.2 旺苍县春旱频次空间分布图(次/10a)

少部分年份出现了 3 次夏旱,分别是 1981 年、2001 年和 2008 年,其余的大部分年份都只发生了 1 次夏旱或者没有出现夏旱。

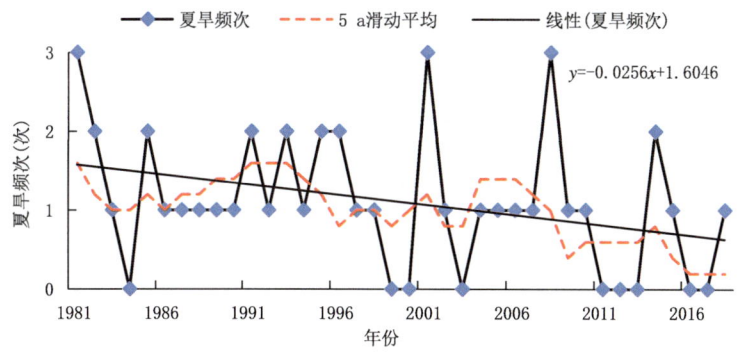

图 2.3 1981—2018 年旺苍县夏旱频次变化

旺苍县夏旱频次空间分布如图 2.4 所示,由西至东夏旱发生频次逐渐减小,10.8～11.4 次/10a 和 11.4～12.0 次/10a 所占区域最大,主要是分布在旺苍县中部、北部和南部大部分地区;≤10.8 次/10a 主要分布在东部,如五权镇、金溪镇和大德乡等;12.0～12.6 次/10a 和 >12.6 次/10a 主要分布在西部小部分地区。

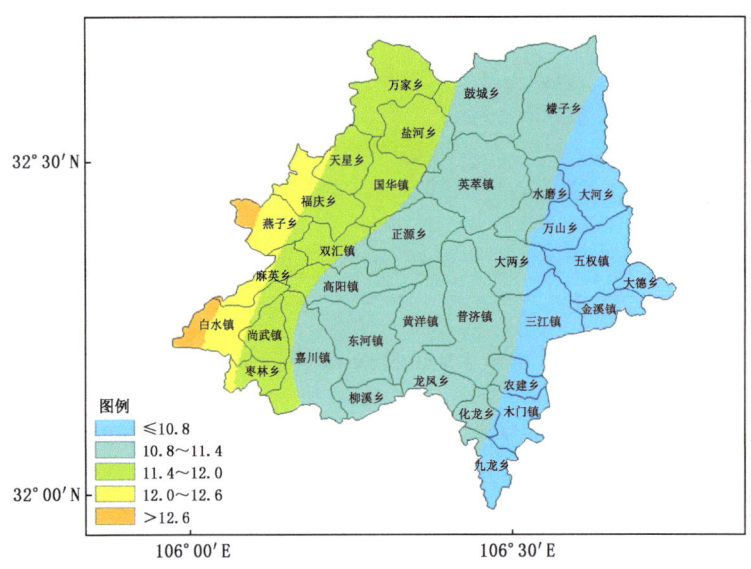

图 2.4　旺苍县夏旱频次空间分布图(次/10a)

2.3.1.3　伏旱

1981—2018 年旺苍县伏旱频次变化如图 2.5 所示,38 年来旺苍县发生伏旱的频次呈下降趋势,倾向率为 -0.012 次/10a。除 1992 年伏旱出现了 2 次以外,其余年份只发生过 1 次或者没有发生过伏旱。从 5 a 滑动平均的变化曲线可看出,2009—2018 年发生伏旱频次起伏较大。

旺苍县伏旱频次空间分布如图 2.6 所示,7.6～8.0 次/10a 所占面

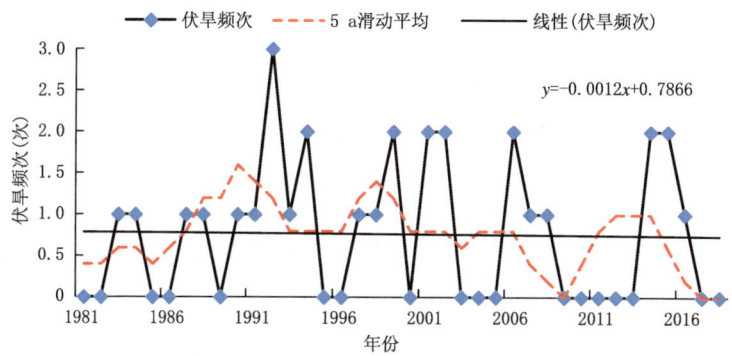

图 2.5　1981—2018 年旺苍县伏旱频次变化

积最大;≤7.6 次/10a 在白水镇、燕子乡和大德乡有少量分布;8.0~8.4 次/10a 和>8.4 次/10a 主要分布在旺苍县南部小部分地区。

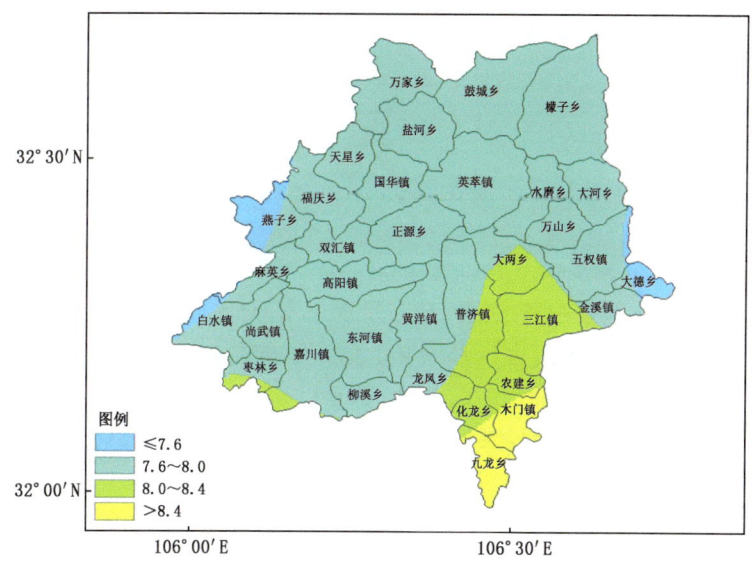

图 2.6　旺苍县伏旱频次空间分布图(次/10a)

2.3.2 暴雨

根据持续降水过程的时间不同,建立不同时间长度的10个降水过程序列,再通过计算各个时间序列的不同百分位数将降水过程划分为1级暴雨、2级暴雨、3级暴雨、4级暴雨和5级暴雨5个等级(表2.2)。

表2.2 旺苍县不同等级暴雨强度雨量范围

天数(d)	1级 60%~80%	2级 80%~90%	3级 90%~95%	4级 95%~98%	5级 ≥98%	暴雨值(mm)
1	63.8~66.9	66.9~89.3	89.3~103.5	103.5~127.1	≥127.1	50
2	84.8~104.5	104.5~117.9	117.9~122.2	122.2~127.1	≥127.1	50
3	119.7~173.2	173.2~219.9	219.9~221.2	221.2~221.5	≥221.5	50
4	166.4~240.1	240.1~303.3	303.3~317.2	317.2~402.3	≥402.3	50
5	144.1~165.3	165.3~220.9	220.9~237.8	237.8~256.6	≥256.6	50
6	120.0~138.0	138.0~222.7	222.7~229.5	229.5~236.2	≥236.2	50
7	112.4~212.0	212.0~243.2	243.2~383.3	383.3~523.2	≥523.2	50
8	161.9~170.8	170.8~257.8	257.8~271.9	271.9~285.9	≥285.9	50
9	236.0~243.0	243.0~246.5	246.5~248.0	248.0~250.0	≥250.0	50

2.3.2.1 1级暴雨

旺苍县1级暴雨频次空间分布呈现出东部低、西部高的分布特点,6.46~6.59次/10a所占区域最广,主要分布在旺苍县东部和南部;6.59~6.72次/10a、6.72~6.85次/10a和6.85~6.98次/10a主要分布在旺苍县西部及西北部;6.98~7.11次/10a面积很小,只出现在燕子乡和白水镇。

2.3.2.2 2级暴雨

旺苍县2级暴雨频次空间分布呈现出东南部低、西北部高的分布特点,3.34~3.43次/10a占据了旺苍县大部分地区;3.25~3.34次/10a

主要分布在南部,如东河镇、黄洋镇和柳溪乡等;3.43～3.52 次/10a 和 3.52～3.61 次/10a 主要分布在旺苍县西部及西北部;3.61～3.70 次/10a 所占区域很小,只在燕子乡和白水镇出现。

2.3.2.3　3 级暴雨

旺苍县 3 级暴雨频次空间分布呈现出北部高、南部低的分布特点,1.63～1.67 次/10a 和 1.67～1.71 次/10a 占据旺苍县大部分地区,1.63～1.67 次/10a 主要分布在南部,如东河镇、黄洋镇、柳溪乡、龙凤乡和普济镇等;1.71～1.75 次/10a 和 1.75～1.79 次/10a 主要分布在旺苍县西部及西北部;1.79～1.83 次/10a 所占区域很小,只在西部的燕子乡和白水镇以及东部的大德乡出现。

2.3.2.4　4 级暴雨

旺苍县 4 级暴雨频次 1.4～1.5 次/10a 几乎占据了旺苍县;1.2～1.3 次/10a 只出现在旺苍县西南部的枣林乡;1.0～1.1 次/10a 出现在旺苍县南部的九龙乡和木门镇;1.3～1.4 次/10a 出现在旺苍县南部的木门镇和西南部的白水镇。

2.3.2.5　5 级暴雨

旺苍县 5 级暴雨频次 0.7～0.8 次/10a 几乎占据了旺苍县;0.6～0.7 次/10a 主要分布在旺苍县东部、西部和北部边缘地区,如白水镇、万家乡和大德乡等;0.3～0.4 次/10a 在南部的九龙乡出现;0.4～0.5 次/10a 在旺苍县西南部的白水镇和枣林乡出现。

2.3.2.6　暴雨灾害综合评价

旺苍县暴雨加权频次空间分布如图 2.7 所示,≤1.69 次/10a 所占区域最大,主要分布在旺苍中部、南部和东部大范围地区;1.69～1.73 次/10a 和 1.73～1.77 次/10a 呈带状经向分布,主要分布在旺苍县西部和北部;1.77～1.81 次/10a 和>1.81 次/10a 所占面积较小,在燕子乡和白水镇均有分布。

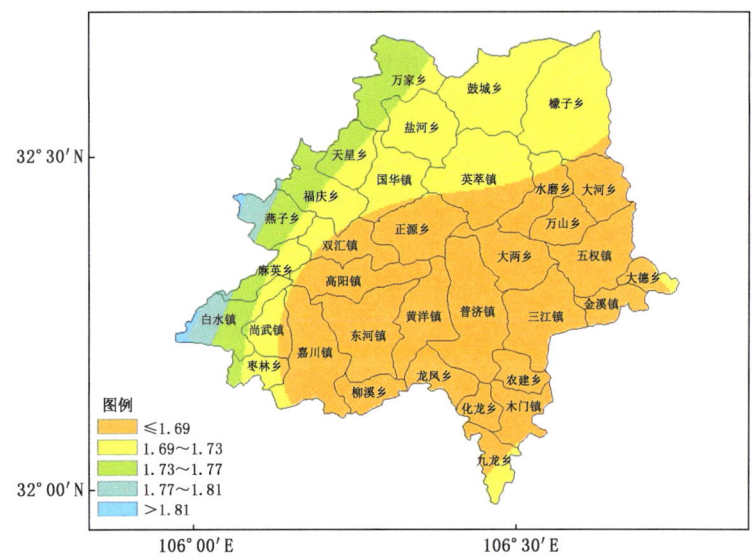

图 2.7 旺苍县暴雨加权频次空间分布图(次/10a)

2.3.3 秋绵雨

1981—2018 年旺苍县秋绵雨频次变化如图 2.8 所示,38 年来旺苍县发生秋绵雨的频次呈下降趋势,倾向率为 -0.172 次/10a。只有 1981 年、1984 年、1985 年、1999 年和 2000 年 5 个年份发生了 2 次秋绵雨,其余大部分年份都只发生了 1 次或者没有出现过秋绵雨,21 世纪以来出现秋绵雨的频次变化较平稳,没有出现一年多发的情况。

旺苍县秋绵雨发生频次空间分布如图 2.9 所示,旺苍县西部比其他地区发生秋绵雨的次数更多。7.0~7.4 次/10a 所占面积最大;≤7.0 次/10a 主要分布在南部和西部的大德乡、五权镇和金溪镇;7.4~7.8 次/10a 和 >7.8 次/10a 主要分布在旺苍县西部和西北部,所占面积较小。整体来看,秋绵雨的发生频次呈东少西多,对光照和水分条件要求较高的作物适宜种植在旺苍县西部。

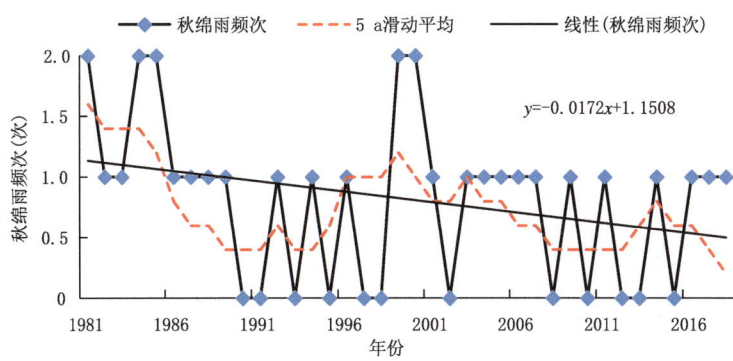

图 2.8　1981—2018 年旺苍县秋绵雨频次变化

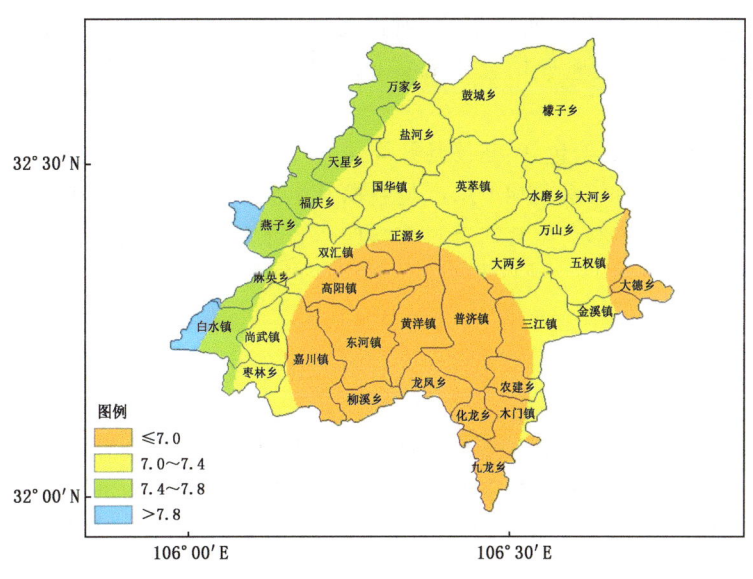

图 2.9　旺苍县秋绵雨发生频次空间分布图(次/10a)

第3章 旺苍县水稻和玉米气象灾害风险评估

3.1 数据来源

气象数据来自四川省气象探测数据中心,主要为1981—2018年旺苍县及其周边共计30个气象观测站的地面数据,包括日平均气温、日照时数、最高气温、最低气温、相对湿度、20—20时降水量等。地形数据采用国家基础地理信息中心提供的1:250000的数字高程模型(DEM)数据。

生产相关数据包括:旺苍县及周边青川县、苍溪县、剑阁县共四个县1981—2015年水稻和玉米产量数据及生育期数据。产量数据来自《四川省统计年鉴》,生育期资料来自四川省水稻和玉米农业气象观测站点资料。

3.2 生育期划分

根据水稻生育期观测资料,将旺苍县水稻生育阶段划分为5个生育阶段(表3.1),并计算各生育阶段对应气象要素值。为消除造成作物产量波动,如品种特性、农业生产技术改变等非气象因子的影响,通过5点滑动平均法提取气象产量并在此基础上展开研究(房世波,2011)。

表 3.1　旺苍县水稻生育阶段划分

生育阶段	生育期时间（月.日）
移栽—分蘖期	5.21—6.10
分蘖—拔节期	6.11—6.30
拔节—孕穗期	7.1—7.20
孕穗—抽穗期	7.21—8.20
抽穗—成熟期	8.21—9.30

3.3　灾害风险评估原理

采用灾害风险评估原理对旺苍县水稻进行风险评估，通过收集水稻气象灾害相关灾害指标研究成果，确定水稻不同生育期的不利气象条件作为气象灾害，综合考虑旺苍县水稻种植情况、地形地貌特征和经济数据等资料，基于 GIS 技术平台，对旺苍县水稻不同生育期气象灾害进行风险评估，采用加权综合评价法和层次分析法建立旺苍县水稻综合气象灾害风险评估体系，从而对旺苍县水稻进行气象灾害风险评估。

灾害风险评估原理：自然灾害风险是致灾因子、孕灾环境、承灾体特征和防灾减灾多方面因素综合作用的结果，其中致灾因子危险性由气象灾害发生种类、频次、强度等反映，孕灾环境是孕育灾害的外部自然环境，承灾体特征是指暴露在自然灾害环境下的承灾体的危险程度，主要由脆弱性和暴露性两方面构成，防灾减灾能力作为社会属性，由经济水平、文化水平、公共设施以及当地政策等因素共同构成（薛晓萍等，2012）。

$$FDRI = f(D、V、E、S、P)$$

式中，FDRI 为灾害风险，D 为致灾因子危险性，V 为承灾体脆弱性，E 为承灾体暴露性，S 为孕灾环境敏感性，P 为防灾减灾能力。

加权综合评价法是将各个因子对研究对象的影响程度进行加权综

合评价,把各个具体影响因子作用的大小集中于一个数量化指标,进行综合分析评价对象的优劣。

$$f = \sum_{i=1}^{m} W_i \times D_i$$

式中,f 为评价因子的值,D_i 为第 i 个指标的规范化值,W_i 为第 i 个指标的权重,m 为评价指标个数。

层次分析法(Analytic Hierarchy Process)是一种定向和定量相结合的层次权重决策分析方法,通过专家打分的方法,两两比较构建判断矩阵,在建立有序递阶的基础上,比较同一层次各指标的相对重要性来总结计算各层指标权重系数(程乾生,1997)。

3.4 作物农业气象灾害风险评估指标确定

3.4.1 水稻灾害风险评估指标确定

3.4.1.1 致灾因子

水稻属喜温、喜湿、短日照作物,研究认为,水稻适宜出苗温度为 12~18 ℃,日平均温度 20~25 ℃时稻苗生长旺盛,温度过高或过低都会影响水稻的正常生长。温度过高时,水稻无法正常开花结实,空秕粒所占比重上升,结实率下降,水稻产量降低;温度过低也会影响水稻的秧苗素质,孕穗期低温冷害会使得籽粒灌浆过程受阻,千粒重下降从而造成水稻产量大幅下降。水稻生长过程中对水分要求也比较严格,水分不足或过多,都会影响水稻秧苗的正常生长。综合分析水稻生长发育所需环境要求和旺苍县特殊地理地形,初选低温冷害(灌浆期、乳熟期)、高温(孕穗期、抽穗期)、暴雨(抽穗期、灌浆期)、连阴雨(抽穗期、灌浆期)四类灾害,并分析不同灾害对水稻产量的影响,具体灾害阈值见表3.2。

第3章 旺苍县水稻和玉米气象灾害风险评估

表3.2 旺苍县水稻主要农业气象灾害指标

气象灾害		发生时间	临界气象条件	临界天数(d)
低温冷害	灌浆期低温冷害	抽穗到乳熟期 (8月下旬至9月下旬)	$T_{avg} \leqslant 20\ ℃$	3
	乳熟期低温冷害	乳熟到成熟 (9月下旬至10月上旬)	$T_{avg} \leqslant 20\ ℃$	3
高温	孕穗期高温	拔节到孕穗期 (7月下旬至8月中旬)	$T_{avg} > 30\ ℃$	3
	抽穗期高温	孕穗到抽穗期 (8月中旬至8月下旬)	$T_{avg} > 30\ ℃$	3
暴雨	抽穗期暴雨	孕穗到抽穗期 (8月中旬至8月下旬)	$R \geqslant 50\ mm$	1
	灌浆期暴雨	抽穗到乳熟期 (8月下旬至9月下旬)	$R \geqslant 50\ mm$	1
连阴雨	抽穗期连阴雨	孕穗到抽穗期 (8月中旬至8月下旬)	$R \geqslant 0.1\ mm$ 且 $T_s < 0.1\ h$	5
	灌浆期连阴雨	抽穗到乳熟期 (8月下旬至9月下旬)	$R \geqslant 0.1\ mm$ 且 $T_s < 0.1\ h$	5

注:T_{avg}表示日平均气温,R表示日降水量,T_s表示日照时数。

统计1981—2017年旺苍县及附近站点主要农业气象灾害发生日数见表3.3。其中灌浆期和乳熟期低温冷害、孕穗期高温以及灌浆期连阴雨出现日数较高,抽穗期连阴雨出现较少。受地形地貌等因素影响,不同站点间气象灾害发生次数存在较大差异,旺苍、苍溪等地灾害类型较为一致,秋季低温冷害、连阴雨、孕穗期高温发生较多,青川低温冷害多高温少,通江、南江低温冷害出现日数较少。

采用滑动平均方法从水稻单产中分离得出各地水稻气象产量(薛昌颖 等,2003),并与各气象灾害指标进行相关分析见表3.4。由表可知,大部分站点水稻气象产量与气象灾害之间表现为负相关关系,其中

表3.3 旺苍县及附近站点主要农业气象灾害发生日数(d)统计

气象灾害		旺苍	苍溪	广元	巴中	南江	青川	剑阁	通江
低温冷害	灌浆期低温冷害	156	157	159	102	27	482	228	14
	乳熟期低温冷害	179	171	191	118	25	317	237	16
高温	孕穗期高温	124	113	25	142	34	0	1	99
	抽穗期高温	62	32	6	40	12	0	0	18
暴雨	抽穗期暴雨	41	13	12	9	12	11	8	15
	灌浆期暴雨	35	29	25	29	33	22	23	35
连阴雨	抽穗期连阴雨	26	24	17	0	15	15	5	12
	灌浆期连阴雨	107	99	80	91	113	90	63	102

表3.4 各气象灾害发生频次与气象产量相关系数(R)

气象灾害		旺苍	苍溪	南江	青川	剑阁	通江
低温冷害	灌浆期低温冷害	−0.291	−0.067	0.018	−0.036	0.067	—
	乳熟期低温冷害	−0.152	−0.341	0.071	−0.065	−0.237	−0.545**
高温	孕穗期高温	0.077	−0.256	−0.119	—		−0.079
	抽穗期高温	−0.064	−0.212	−0.231	—		−0.042
暴雨	抽穗期暴雨	0.142	−0.078	0.162	−0.376*	−0.411*	−0.117
	灌浆期暴雨	−0.133	−0.043	0.156	−0.507**	0.039	0.18
连阴雨	抽穗期连阴雨	−0.372*	−0.421*	0.091	−0.183	—	−0.176
	灌浆期连阴雨	−0.371*	0.092	0.046	−0.271	−0.576**	−0.353

注：* 表示5%显著水平，** 表示1%显著水平。

乳熟期低温冷害、抽穗期连阴雨和灌浆期连阴雨对水稻产量影响较显著。综合相关分析结果、各气象灾害发生频率以及旺苍县水稻实际生产，选取灌浆期低温冷害、乳熟期低温冷害、抽穗期暴雨、抽穗期高温、抽穗期连阴雨和灌浆期连阴雨六种灾害作为旺苍县水稻气象灾害评估的主要影响因素。

3.4.1.2 孕灾环境

旺苍县以山地为主,壑谷纵横,地形复杂,当地气象灾害与海拔、地形地貌等环境条件密切相关。本研究提取海拔、坡度、坡向三个地形因子(图3.1),根据不同气象灾害致灾机理,选取不同地形指标来表示孕灾环境敏感性,参考专家打分法,分别赋予不同地形因子对孕灾环境敏感性的影响指数(表3.5)。

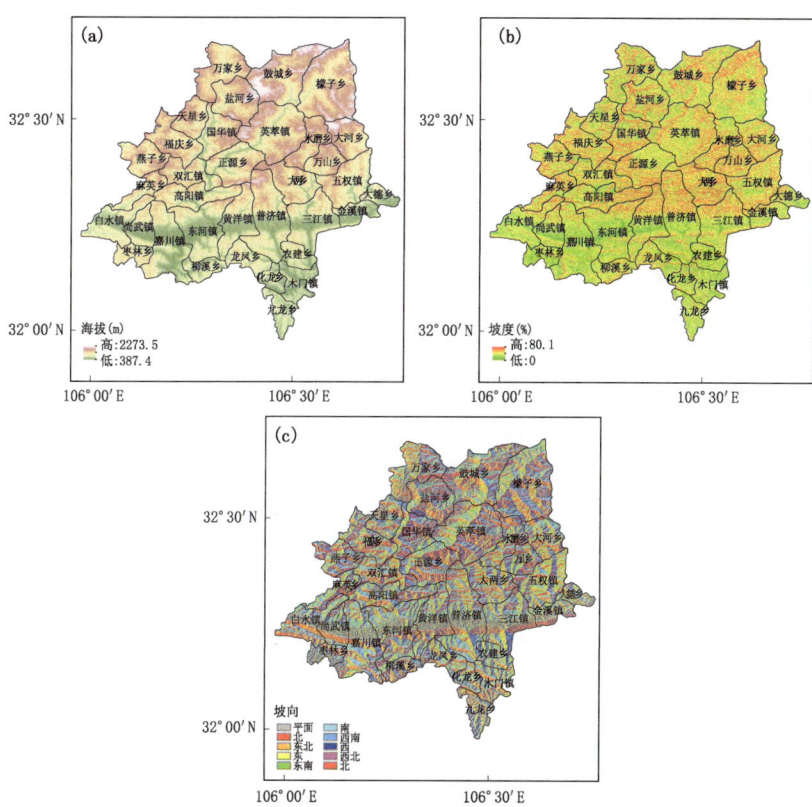

图 3.1 旺苍县海拔(a)、坡度(b)、坡向(c)分布图

表 3.5　主要气象灾害地形因子选取及影响指数

气象灾害	地形因子	影响指数
灌浆期低温冷害	海拔、坡向	海拔:0.70 坡向:0.30
乳熟期低温冷害	海拔、坡向	海拔:0.70 坡向:0.30
抽穗期暴雨	海拔、坡度	海拔:0.60 坡度:0.40
抽穗期高温	海拔、坡向	海拔:0.70 坡向:0.30
抽穗期连阴雨	海拔、坡度	海拔:0.60 坡度:0.40
灌浆期连阴雨	海拔、坡度	海拔:0.60 坡度:0.40

3.4.1.3　承灾体

①承灾体脆弱性

承灾体脆弱性是指承灾体在遭受自然灾害打击时的易损程度,承灾体脆弱性越高,易损程度越严重。本研究从作物敏感性角度分析旺苍县水稻种植环境脆弱性程度,采用产量的变异程度作为脆弱性评价指标,通过 GIS 平台进行空间数据库操作,得到旺苍县水稻生产脆弱性分布图(图 3.2)。

②承灾体暴露性

承灾体暴露性是指暴露在自然灾害环境下的水稻种植程度,水稻种植程度越大,承灾体暴露性越高,受气象灾害威胁越严重。本研究用水稻种植比例来表征承灾体暴露性指标,绘制水稻种植暴露性分布图(图 3.3)。从图 3.3 可知,以白水镇至大德乡为界,以南地区水稻种植比例较大,暴露性较高,北部地区山地较多,水稻种植面积小,承灾体暴露性低。

第3章 旺苍县水稻和玉米气象灾害风险评估

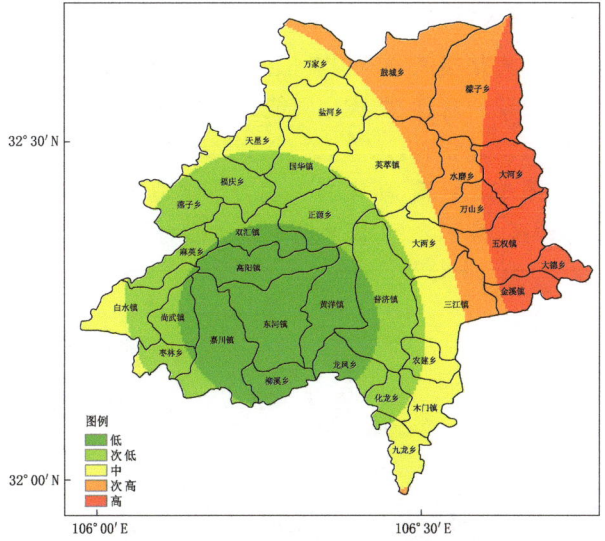

图 3.2　旺苍县水稻生产脆弱性分布图

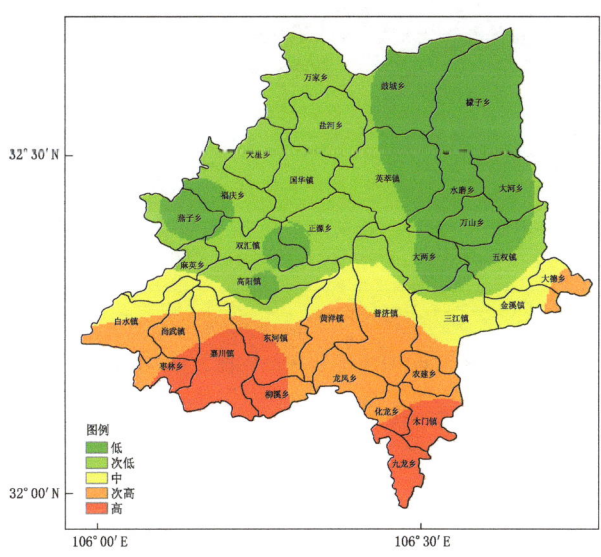

图 3.3　旺苍县水稻种植暴露性分布图

3.4.1.4 防灾减灾能力

防灾减灾能力是指风险承担者抵御自然灾害所指定的方针、政策、行动等一系列活动的总称,防灾减灾能力越强,灾害所造成的潜在损失越小。通过查阅统计年鉴,选取农村居民人均纯收入来表征当地防灾减灾能力。从图3.4可知,防灾减灾能力较强地区分布在白水至金溪镇、燕子乡等地区,檬子乡、正源乡防灾减灾能力最弱。

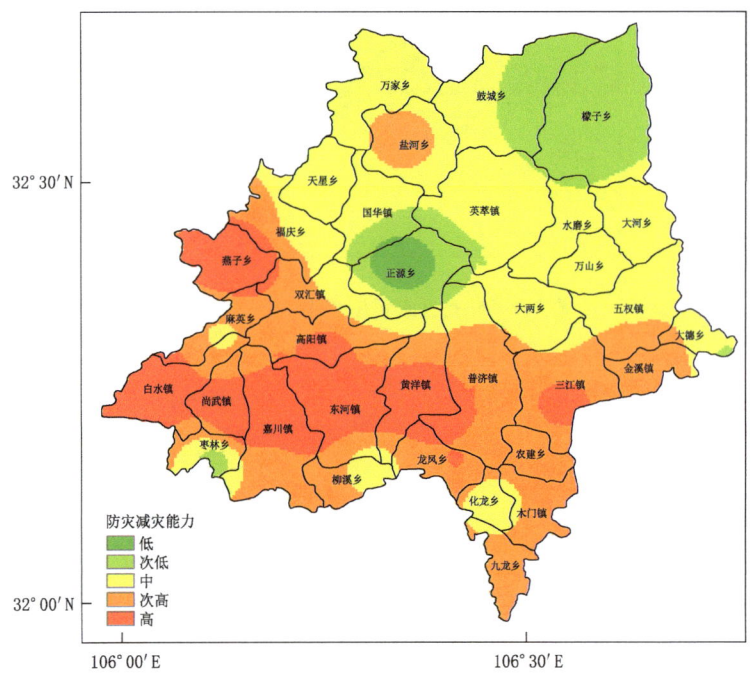

图3.4 旺苍县防灾减灾能力分布图

3.4.2 玉米灾害风险评估指标确定

3.4.2.1 致灾因子

玉米是四川盆地主要粮食作物,种植的基本要求是整个生育期降水量维持在 350～500 mm 和有效积温保持在 2000～2800 ℃·d(李沁东 等,2018)。

玉米全生育期一般为 100～120 d。旺苍县玉米一般从 5 月上旬播种到 8 月底成熟,共计 106 d 左右。虽然旺苍县位于四川盆地周围边缘地带,海拔较高,但是经过数据处理分析发现,在玉米全生育期受低温冷害风险不大。综合旺苍县特殊地形地貌和玉米生长发育的基本气象需求,并通过计算排除影响较小的因子,初步选出干旱(成熟期、孕穗期)、高温(成熟期)、暴雨(花期、灌浆期、成熟期)、连阴雨(灌浆期)7 种灾害指标进行分析,玉米的具体灾害阈值见表 3.6。其中各项指标描述如下。

表 3.6 旺苍县玉米主要气象灾害指标

气象灾害		发生时间	临界气象条件	临界天数(d)
干旱	孕穗期干旱	拔节到吐丝期	$R \leqslant 133$ mm	\\
	成熟期干旱	乳熟到成熟期	$R \leqslant 70$ mm	\\
高温	成熟期高温	乳熟到成熟期	$T_{avg} \geqslant 28$ ℃	3
暴雨	花期暴雨	抽雄到吐丝期	$R \geqslant 50$ mm	1
	灌浆期暴雨	吐丝到乳熟期	$R \geqslant 50$ mm	1
	成熟期暴雨	乳熟到成熟期	$R \geqslant 50$ mm	1
连阴雨	灌浆期连阴雨	吐丝到乳熟期	$R \geqslant 0.1$ mm 且 $T_s \leqslant 0.1$ h	5

注:T_{avg} 表示日平均气温,R 表示日降水量,T_s 表示日照时数。

①花期暴雨

花期是从玉米开花到吐丝的时期,大约 5 d,此时雌穗的分化基本全部完成。此段时间怕暴雨,若降水很多,光照不足,影响玉米的授粉,会对产值造成很大影响。

②灌浆期暴雨及连阴雨

灌浆期是指玉米从吐丝到乳熟这段时期,即籽粒形成期,这时候对光照、水分、养分需求都较高。如果此时期遇阴雨,会使花粉的活力降低,并会破坏进行光合作用的器官。参考专家意见,把连续 5 d 降水量 $\geqslant 0.1$ mm 且日照时数 $\leqslant 0.1$ h 定义为旺苍县连阴雨。

③成熟期高温、暴雨及干旱

成熟期是指玉米从乳熟到成熟这段时期,大约 20 d。此时期最适温度为 20~24 ℃,玉米成熟期易受热害制约,高温会影响酶活性,从而使作物减产。根据专家意见,把旺苍县玉米成熟期高温定义为连续 3 d 最高气温超过 28 ℃。此外,成熟期处于旺苍县暴雨的高发时期,此时段若碰上暴雨易倒伏,对玉米产量的影响很大。同时,旺苍县玉米成熟期处于伏旱高发期,也需要警惕干旱的影响。

④孕穗期干旱

孕穗期是指抽雄前 15 d 至后 5 d 的拔节—吐丝期,这段时期是玉米一生中最缺水的时期,称为"需水关键期",一旦干旱对玉米的影响非常大。

分别统计 1981—2012 年旺苍县及周围地区共 8 个站点,高温、暴雨、连阴雨气象灾害发生日数见表 3.7,并统计各站点孕穗期干旱和成熟期干旱发生的总次数见表 3.8。从站点角度来说,可以看出,由于旺苍县附近地形复杂,地貌多变,所以不同站点的灾害频次差别较大。若从灾害频次分析,可见玉米成熟期高温发生日数最多,花期暴雨和灌浆期连阴雨出现的日数较少。孕穗期干旱比成熟期干旱次数更多,大部分站点的发生次数超过统计年数的一半,表明孕穗期对水分的需求很大。

表 3.7 旺苍县附近站点气象灾害发生日数(d)统计(1981—2012 年总日数)

气象灾害		旺苍	苍溪	广元	巴中	南江	青川	剑阁	通江
高温	成熟期高温	171	190	106	258	107	0	37	231
暴雨	花期暴雨	8	7	7	7	8	5	9	11
	灌浆期暴雨	22	16	32	16	16	22	30	23
	成熟期暴雨	30	26	17	21	22	15	18	23
连阴雨	灌浆期连阴雨	7	19	5	5	15	29	0	10

表3.8 旺苍县附近站点干旱发生次数统计(1981—2012年总次数)

气象灾害		旺苍	苍溪	广元	巴中	南江	青川	剑阁	通江
干旱	孕穗期干旱	17	19	17	15	10	20	19	13
	成熟期干旱	8	9	8	7	6	7	8	9

利用 MATLAB 采用 5 a 滑动平均的方法从玉米单产中分离得出各地玉米气象产量,并与各气象灾害指标进行相关分析见表 3.9。因为干旱不方便统计总日数,若用总次数来参与计算,可能会降低其相关系数,所以干旱用作物水分盈亏指数 I 来进行相关性分析,公式如下(张玉芳,2011):

$$I = \frac{R - W}{W}$$

式中,I 为经过计算得到的水分盈亏指数,R(mm)为某时段农业生产的有效降水量(有效降水量指的是日降水量$\geqslant$5 mm 的值),W(mm)是对应时段作物生长发育所需要的降水量。

表3.9 各气象灾害发生频次与气象产量相关系数(R)

气象灾害		旺苍	苍溪	广元	巴中	南江	青川	剑阁	通江
高温	成熟期高温	−0.282	−0.250	−0.227	−0.138	−0.390*	—	−0.124	−0.160
暴雨	花期暴雨	−0.108	−0.041	−0.090	−0.266	0.065	−0.185	0.137	0.176
	灌浆期暴雨	0.008	−0.028	0.070	0.028	0.019	0.174	−0.003	−0.057
	成熟期暴雨	−0.277	−0.024	−0.078	−0.085	−0.127	−0.193	−0.335*	−0.205
连阴雨	灌浆期连阴雨	0.013	−0.012	0.015	0.022	−0.037	0.138	—	0.096
干旱	孕穗期干旱	−0.068	0.141	−0.113	−0.064	−0.005	0.119	−0.143	0.347*
	成熟期干旱	−0.240	−0.071	−0.104	−0.032	−0.148	0.004	−0.110	0.005

注:*表示5%显著水平。

由表 3.9 可知,除了干旱以外,气象产量和灾害大部分都呈现负相关。由于作物减产往往不是由单一的气象因素决定,而是很多气象灾害共同造成,但是又无法得到由单一灾害造成减产的数据,所以大部分相关性不太显著。从表 3.9 可以看出,成熟期高温、成熟期暴雨和孕穗期干旱对玉米产量的影响比较显著。根据相关系数和专家意见,选取成熟期高温、花期暴雨、成熟期暴雨、灌浆期连阴雨和孕穗期干旱5种灾害指标进行气象灾害风险评估。

3.4.2.2 孕灾环境

旺苍县位于四川盆地边缘地带,地形起伏,连绵不绝,当地气象灾害与地形、地貌等环境条件关系密切。提取海拔、坡度、坡向作为地形因素,根据气象灾害致灾原理的差异,选取不同的环境因素,参考专家打分法,分别赋予不同地形因子对孕灾环境敏感性的影响指数(表3.10)。

表3.10 主要气象灾害地形因子选取及影响指数

气象灾害	地形因子	影响指数
孕穗期干旱	海拔、坡度	海拔:0.60 坡度:0.40
花期暴雨	海拔、坡度	海拔:0.60 坡度:0.40
成熟期暴雨	海拔、坡度	海拔:0.60 坡度:0.40
成熟期高温	海拔、坡向	海拔:0.70 坡向:0.30
灌浆期连阴雨	海拔、坡度	海拔:0.60 坡度:0.40

参考有关文献和专家经验,划定影响4种灾害的具体地形因素。旺苍县以山地为主,从坡向的角度分析,南坡光照条件最好,北坡光照条件最弱;且东边的光照比西边好(唐成平 等,2011)。从坡度的方面看,坡度越大,干旱越严重,而湿涝越轻。从海拔的层面看,随着海拔升高,温度是不断降低的。综合以上方面,通过GIS平台,对坡度、坡向和海拔进行重新分类,并经过归一化处理后,根据权重得出暴雨、干旱、连阴雨和高温灾害的风险性。

3.4.2.3 承灾体

承灾体脆弱性是指承灾体在遭受自然灾害影响时的易损程度,承灾体脆弱性和易损程度成正比,脆弱性越高,易损程度越严重。从作物敏感性角度分析旺苍地区玉米种植环境脆弱性程度,采用产量的变异程度作为脆弱性评价指标,公式如下:

$$V = \frac{1}{Y_{\max}} \sqrt{\frac{\sum_{i=1}^{n}(Y_i - \overline{Y})^2}{n-1}}$$

式中,V 为承灾体脆弱性,Y_i 为某地第 i 年单产,$Y_{\max}$ 为该县多年单产最大值,$\overline{Y}$ 为该县多年单产平均值,n 为单产资料总年份数。

3.5 水稻农业气象灾害风险评估

3.5.1 抽穗期高温风险评估

抽穗期是水稻高温热害的敏感期,温度过高直接影响水稻幼穗分化,导致最终产量下降。以抽穗期高温出现日数为致灾因子,综合考虑高程、坡向等地形因子和承灾体脆弱性、暴露性以及防灾减灾能力,得出旺苍县水稻抽穗期高温灾害风险分布图(图 3.5)。由图可知,旺苍县水稻抽穗期高温灾害风险分布呈现较强的层次性,西南高、东北低,其中东河镇、柳溪乡、嘉川镇、黄洋镇、龙凤乡、尚武镇等地高温灾害风险最高,次高风险地区分布在枣林乡、白水镇、麻英乡南部、高阳镇、普集镇、农建乡、化龙乡、木门镇、九龙乡等,中风险地区主要有燕子乡、福庆乡、双汇镇、正源乡、三江镇,次低和低风险地区主要分布在旺苍东北部,其中鼓城乡、檬子乡、大河乡、水磨乡、万山乡、五权镇等乡镇水稻抽穗期热害灾害风险最低。

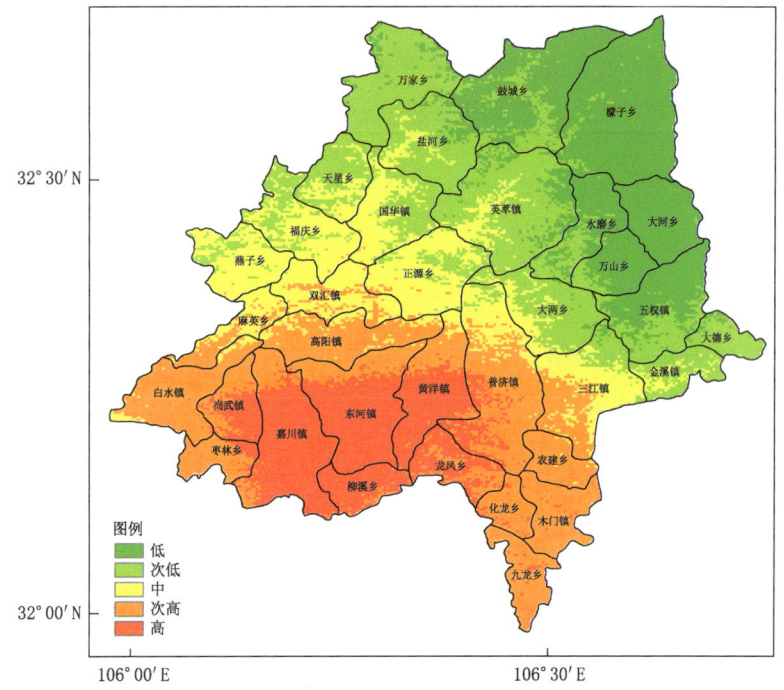

图 3.5 旺苍县水稻抽穗期高温灾害风险分布图

3.5.2 抽穗期暴雨风险评估

水稻是一种半水生植物,不同生育阶段耐涝性不同,据研究,水稻苗期、分蘖期耐涝性较强,抽穗开花期耐涝性最差,此时遭遇暴雨会影响水稻小穗分化和生殖细胞发育(王春乙 等,2016;陈家金 等,2010;蔺万煌 等,1997)。综合分析旺苍县抽穗期暴雨发生频率、地形因子、承灾体脆弱性、暴露性,结合当地防灾减灾能力,绘制旺苍县水稻抽穗期暴雨灾害风险分布图(图3.6)。由图可知,旺苍县水稻抽穗期暴雨灾害风险分布自西南向东北递减,水稻抽穗期暴雨灾害高风险区域主要分布在东河镇、黄洋镇、嘉川镇、柳溪乡、龙凤乡等地区。中部和东北部等乡镇处于暴雨灾害中风险或次低风险地区,檬子乡、大河乡、万山乡、五权镇、大德乡、金溪镇等东部乡镇暴雨灾害风险等级最低。

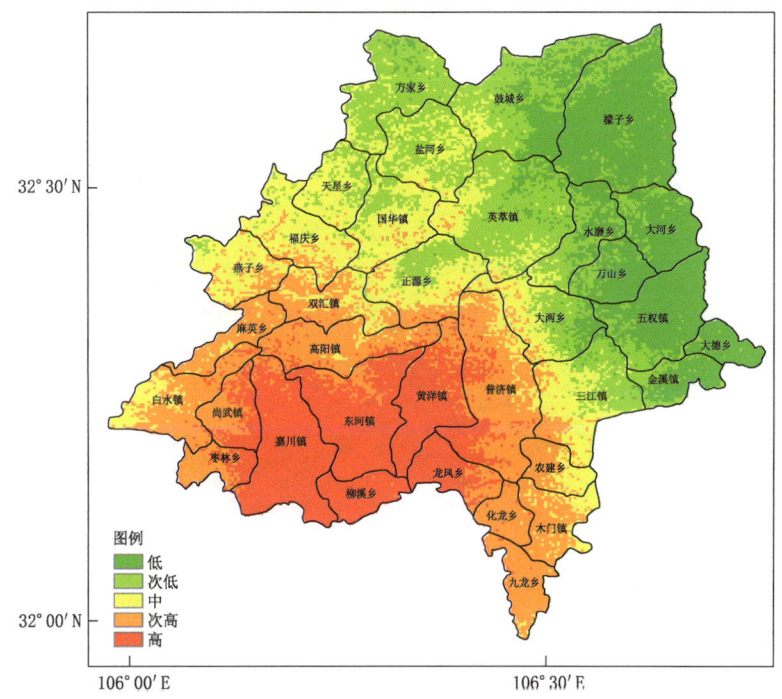

图 3.6　旺苍县水稻抽穗期暴雨灾害风险分布图

3.5.3　抽穗期连阴雨风险评估

　　连阴雨是指连续多日的阴雨天气。8月下旬至9月末的秋季连阴雨正值水稻成熟收获的关键时期,连阴雨及其伴随的低温、寡照、高湿等外界环境直接影响水稻干物质积累,导致水稻减产。旺苍县水稻抽穗期连阴雨灾害风险分布见图 3.7。由图可知,旺苍县水稻抽穗期连阴雨灾害风险分布呈现东高西低的变化特征,且大部分地区处于较低、低风险区域,仅檬子乡至三江镇以东的乡镇,风险等级较高,其中大河乡、大德乡、金溪镇东部、五权镇东部连阴雨灾害风险等级最高。

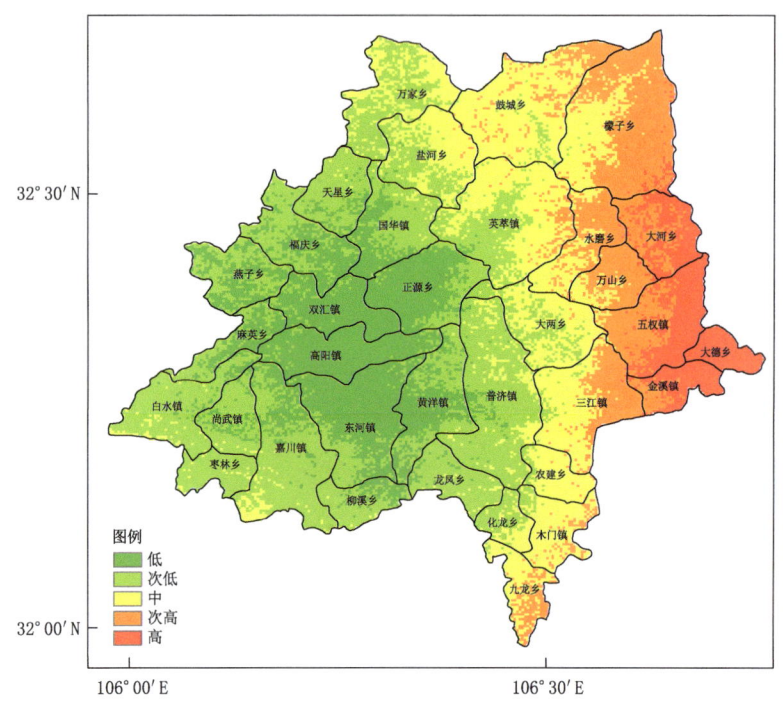

图 3.7 旺苍县水稻抽穗期连阴雨灾害风险分布图

3.5.4 灌浆期低温冷害风险评估

考虑灌浆期低温冷害年平均日数、水稻产量变异程度以及旺苍县海拔和坡向等因素,对旺苍县水稻进行灌浆期低温冷害灾害风险评估(图 3.8)。由图可知,水稻灌浆期低温冷害灾害风险呈现自西向东递减的分布。其中白水镇、尚武镇、枣林镇、嘉川镇、柳溪乡、东河镇、龙凤乡、九龙乡等西南乡镇水稻灌浆期低温冷害灾害风险最高,次高风险区域沿万家乡—麻英乡—龙凤乡呈倒 V 型分布,中风险区域沿鼓城乡—高阳镇—三江镇分布,东部乡镇水稻灌浆期低温冷害灾害风险较低,其中大河乡、万山乡、五权镇、大德乡、金溪镇冷害灾害风险等级最低。

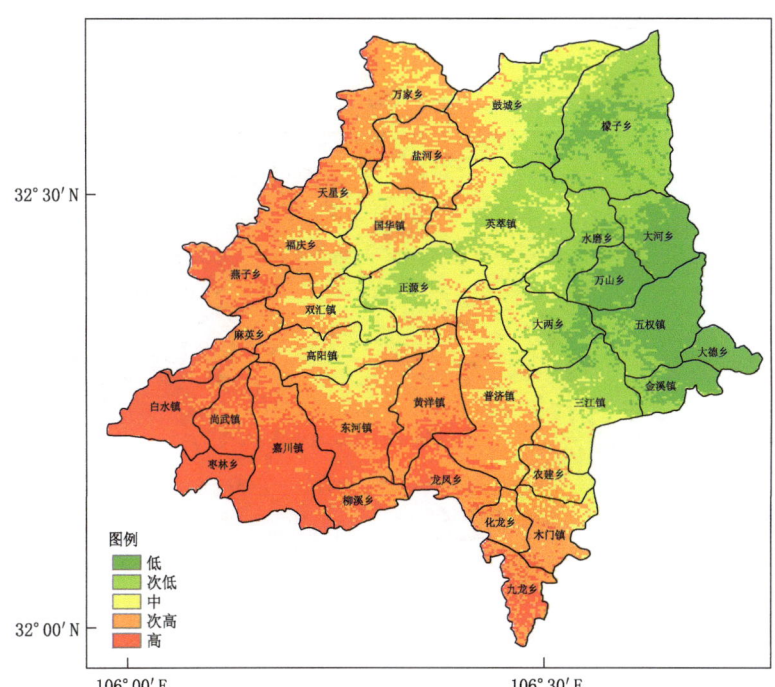

图 3.8 旺苍县水稻灌浆期低温冷害灾害风险分布图

3.5.5 灌浆期连阴雨风险评估

灌浆期是连阴雨灾害发生的主要时期,抽穗期连阴雨会影响水稻灌浆结实,增大水稻空秕率,影响水稻的成熟收获,严重时可造成田间籽粒发芽或者籽粒霉烂、病虫害滋生,水稻产量品质严重下降。旺苍县灌浆期连阴雨灾害风险评估如图 3.9 所示。由图可知,旺苍县西南乡镇大多处于高风险或次高风险区域,其中东河镇、嘉川镇、柳溪乡、尚武镇东部、枣林乡、黄洋镇、龙凤乡风险等级最高,万家乡、盐河乡、天星乡、国华镇、福庆乡等西北部乡镇水稻灌浆期连阴雨灾害风险等级为中级,旺苍东部地区灌浆期连阴雨灾害风险等级较低。

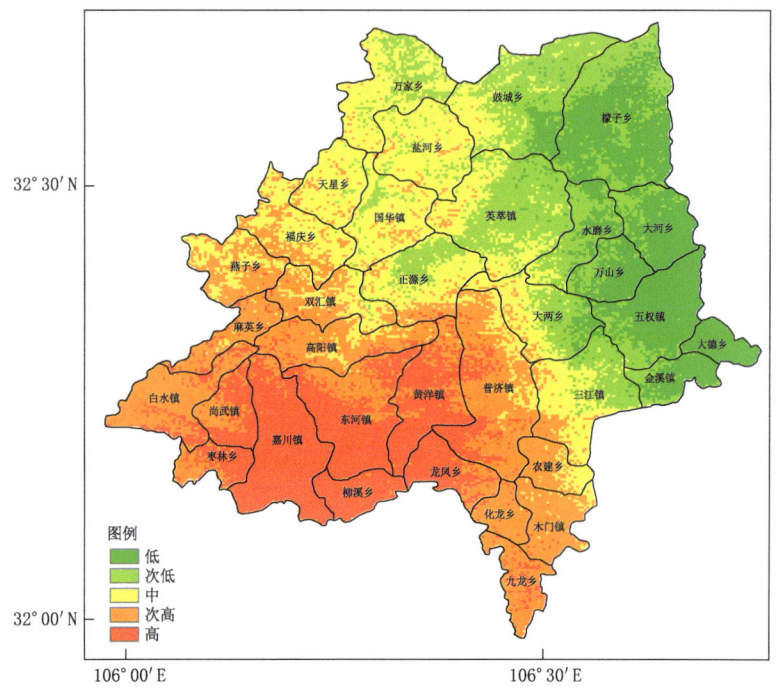

图 3.9　旺苍县水稻灌浆期连阴雨灾害风险分布图

3.5.6　乳熟期低温冷害风险评估

旺苍县水稻乳熟期一般开始于 9 月中旬,受大气环流控制,这一阶段温度较低,水稻主要气象灾害为低温冷害。综合分析水稻乳熟期低温冷害年平均发生日数、海拔、坡向、水稻产量、种植比例以及防灾减灾能力等相关因素,绘制旺苍县水稻乳熟期低温冷害灾害风险分布图(图 3.10)。由图可知,旺苍县大部分地区水稻处于乳熟期低温冷害灾害高风险或次高风险区域,主要分布在中西部乡镇,其中福庆乡—龙凤镇以西乡镇均为高风险地区。中风险地区自鼓城乡至九龙乡呈南北向分布,大河乡、大德乡、金溪镇和五权镇西部水稻乳熟期低温冷害灾害风险等级最低。

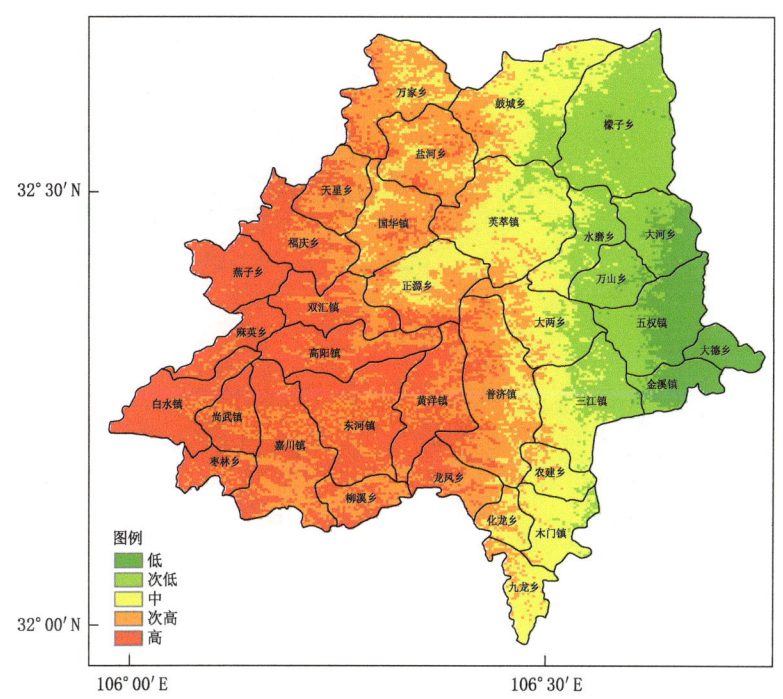

图 3.10　旺苍县水稻乳熟期低温冷害灾害风险分布图

3.5.7　水稻农业气象灾害风险评估

采用多指标综合风险评估法建立旺苍县水稻气象灾害指标体系,通过专家打分和层次分析方法设定不同气象灾害因子权重,将不同气象灾害风险均一化处理后,通过 GIS 平台进行栅格计算,利用自然段点分级法,将旺苍县划分为高、次高、中、次低、低 5 个等级,绘制旺苍县水稻气象灾害风险分布图(图 3.11)。

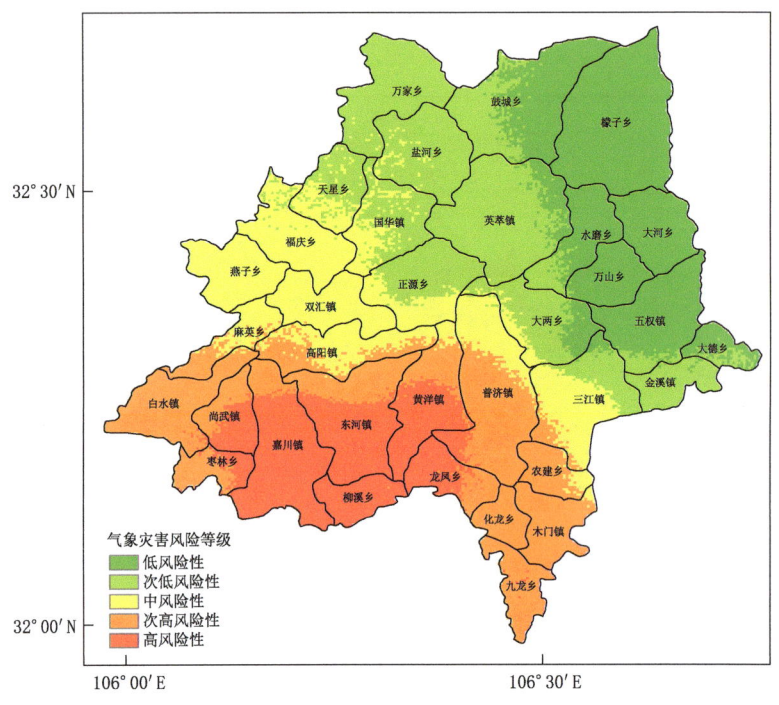

图 3.11　旺苍县水稻气象灾害风险分布图

高风险区:尚武镇南部、枣林乡东部、嘉川镇中南部、东河镇中南部、黄洋镇中南部、龙凤乡西部、柳溪乡。该区域位于旺苍县西南部,海拔低,地势较为平缓,水稻种植面积较大,孕灾环境敏感性相对较弱,但承灾体暴露性高,分析不同生育期灾害类型可知,除抽穗期连阴雨外,西南部乡镇均处于其余灾害高风险区域,综合评价水稻气象灾害风险等级最高。

次高风险区:白水镇、枣林镇西部、尚武镇北部、嘉川镇北部、东河镇北部、高阳镇西南部、黄洋镇北部、普济镇中南部、农建乡大部、化龙乡、木门镇、九龙乡。这些地区分布于旺苍县南部和中部、河谷走廊西部,地势相对较为平缓,承灾体暴露性较高,除抽穗期连阴雨外,其余各项致灾因子大多处于次高、高风险区域,综合评价水稻气象灾害风险等级较高。

中风险区:燕子乡、麻英乡北部、福庆乡、双汇镇、高阳镇中东部、天星乡西南部、国华镇西南部、正源乡南部、普济镇北部、三江镇中南部。该区域沿西部至东南方向分布,地势较为复杂,西部乡镇海拔相对较高,水稻种植较少,暴露性较低,东南部乡镇海拔较低,水稻种植比较高,暴露性较高,分析致灾因子可知除抽穗期连阴雨外,在其他灾害的风险分布中,西部乡镇均处于较高或中风险区域,东南部乡镇灾害风险等级较低,综合评价水稻气象灾害风险为中等。

次低风险区:天星乡中北部、万家乡、盐河乡、鼓城乡西部、国华镇中北部、正源乡北部、英萃镇、大两乡大部以及三江镇北部、金溪镇。该区域除金溪镇、大两乡外,其余乡镇均位于北部中山区,地势相对较为险峻,但该地区水稻种植面积比例较低,承灾体暴露性较低,且各灾害风险等级处于中风险区域或较低风险区域,综合评价水稻生产气象灾害风险为次低。

低风险区:鼓城乡东部、檬子乡、大河乡、水磨乡、万山乡、五权镇、大德乡、大两乡东部。这些地区位于旺苍东北部,地势险峻,但水稻种植面积小,承灾体暴露性小,且除抽穗期低温冷害外,其余气象灾害均处于较低或低风险区域,致灾因子危险性低,综合评价水稻气象灾害风险等级最低。

3.6 玉米农业气象灾害风险评估

3.6.1 花期暴雨灾害风险评估

经过分析和计算得出影响花期的主要气象灾害是暴雨。综合分析玉米花期暴雨年平均发生日数、海拔、坡度以及承灾体脆弱性等相关因素,通过 GIS 平台进行栅格计算,将旺苍县划分为低、较低、中等、较高、高 5 个等级,绘制旺苍县玉米花期暴雨灾害风险分布图(图 3.12)。

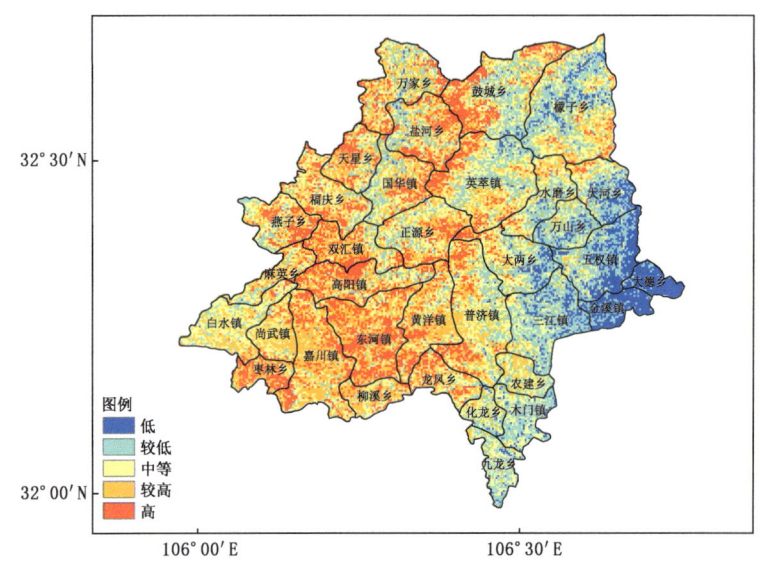

图 3.12　旺苍县玉米花期暴雨灾害风险分布图

由图可知,旺苍县玉米花期暴雨灾害风险分布大致上从西向东递减。旺苍县大约有一半地区位于高风险和较高风险地区。其中,枣林乡、东河镇、高阳镇、黄洋镇,鼓城乡、天星乡的西部,正源乡、国华镇的东部,龙凤乡的北部,盐河乡的外围以及燕子乡的大部属于高风险区;尚武镇、嘉川镇、柳溪乡、黄洋镇的东部、农建乡的大部以及英萃镇和檬子乡的南部暴雨风险较高;白水镇的大部属于中等风险区;九龙乡、木门镇、万山乡、三江镇、水磨乡的大部,檬子乡、英萃镇的北部,大河乡的西部,鼓城乡的中部属于花期暴雨风险较低的区域;金溪镇、大德乡,五权镇的东部以及大河乡的南部暴雨风险最低;旺苍县白水镇、麻英乡,福庆乡各种风险比较混杂但是整体较高。

3.6.2 灌浆期连阴雨灾害风险评估

综合分析旺苍县玉米灌浆期连阴雨年平均发生日数、海拔、坡度以及结合承灾体脆弱性等相关因素,通过 GIS 平台进行栅格计算,将旺苍县划分为低、较低、中等、较高、高 5 个等级,绘制旺苍县玉米灌浆期连阴雨灾害风险分布图(图 3.13)。

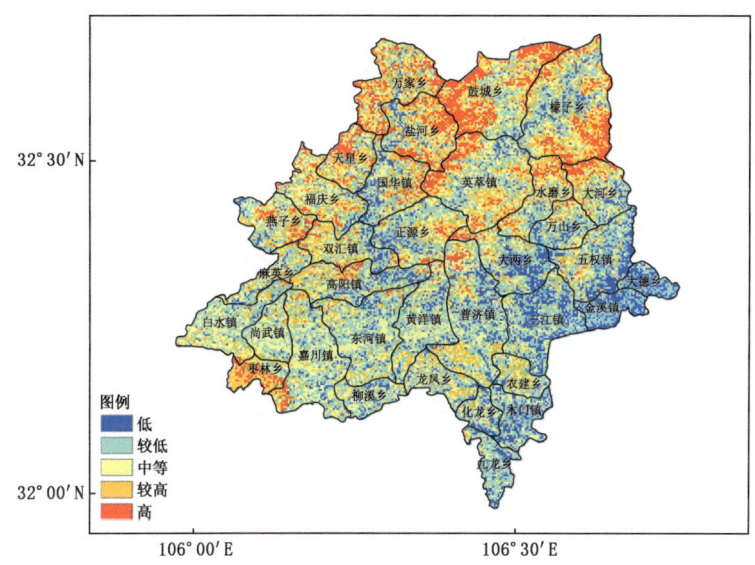

图 3.13　旺苍县玉米灌浆期连阴雨灾害风险分布图

由图可知,旺苍县玉米灌浆期连阴雨灾害风险大致从北向南递减,但整体风险不是特别高。其中,枣林乡、燕子乡、盐河乡、国华镇的西部,天星乡的东部,檬子乡的南部,英萃镇的西北部以及鼓城乡的大部处于旺苍县玉米灌浆期连阴雨灾害风险最高的地区;福庆乡、双汇镇、万家乡的大部,正源乡、英萃镇的东部,水磨乡的北部,白水镇、普济镇的南部,五权镇的西部,嘉川镇、东河镇、黄洋镇的中部,普济镇的北部和南部属于较高风险区或者中等风险区;白水镇的北部,尚武镇、嘉川镇、东和镇、柳溪乡、黄洋镇、九龙乡、朱门镇的大部分属于旺苍县玉米灌浆期连阴雨灾害风险较低的地区；大德乡、金溪镇、三江镇以及大两乡的东南部，朱门镇的西部，五权镇的东部风险等级最低。

3.6.3 成熟期高温及暴雨灾害风险评估

3.6.3.1 成熟期高温灾害风险评估

综合分析玉米成熟期高温年平均发生日数、海拔、坡度以及承灾体脆弱性等相关因素，通过GIS平台进行栅格计算，将旺苍县划分为低、较低、中等、较高、高5个等级，绘制旺苍县玉米成熟期高温灾害风险分布图(图3.14)。

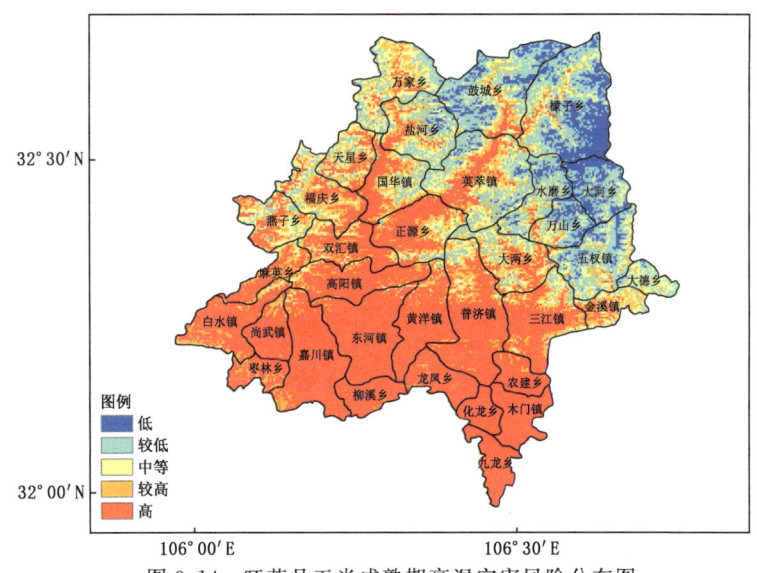

图3.14 旺苍县玉米成熟期高温灾害风险分布图

由图可知，旺苍县玉米成熟期高温灾害风险整体比较高，风险从南部向北部递减。其中，旺苍县玉米成熟期高温灾害高风险地区几乎占了旺苍县的大半个地区，包括：九龙乡、化龙乡、木门镇、农建乡、龙凤乡、柳溪乡、三江镇、普济镇、黄洋镇、东河镇、嘉川镇、枣林乡、尚武镇、白水镇、麻英乡、高阳镇、双汇镇、正源乡以及金溪镇、盐河乡、国华镇的西部,大两乡的南部,英萃镇的中部,福庆乡、燕子乡、天星乡的大部分地区;燕子乡、福庆乡、天星乡、鼓城乡、檬子乡的小部分地区,金溪镇的东部,万家乡、大德乡的大部以及五权镇的中部属于风险较高或者中等的地区;盐河乡、大河乡的西部,英萃镇的外围,五权镇的大部分地区以及水磨乡、鼓城乡、万山乡、万家乡的部分地区在旺苍县玉米成熟期高温灾害风险较低;檬子乡的东部、大河乡的北部万山乡的西部以及鼓城乡的部分地区玉米成熟期高温灾害风险最低。

3.6.3.2 成熟期暴雨灾害风险评估

综合分析玉米成熟期暴雨年平均发生日数、海拔、坡度以及承灾体脆弱性等相关因素,通过GIS平台进行栅格计算,将旺苍县划分为低、较低、中等、较高、高5个等级,绘制旺苍县玉米成熟期暴雨灾害风险分布图(图3.15)。

由图可知,旺苍县玉米成熟期暴雨灾害风险的高值区主要在旺苍县的西南地区,并向东北部递减。其中嘉川镇、东河镇、黄洋镇、柳溪

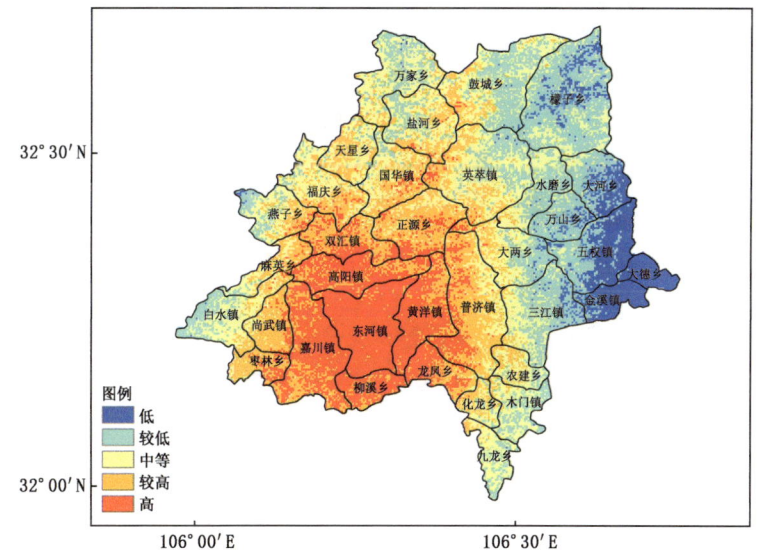

图3.15 旺苍县玉米成熟期暴雨灾害风险分布图

镇、高阳镇、双汇镇、正源乡的南部、枣林镇的东部，以及龙凤乡和普济镇的西部风险最高；尚武镇、化龙乡、农建乡、鼓城乡、万家乡、英萃镇、枣林镇、木门镇、九龙乡、大两乡的西部、普济镇、正源乡、国华镇、福庆乡、天星镇的大部分地区，燕子乡、盐河乡的东部属于旺苍县玉米成熟期暴雨灾害风险较高或者中等的地区；檬子乡、万山乡、三江镇、水磨乡的大部分地区，鼓城乡、大两乡、木门镇、英萃镇的东部，大河乡、五权镇的西部属于风险较低的部分，大致呈南北走向；而大德乡、金溪镇，以及五权镇、大河乡的东部地区玉米成熟期暴雨灾害风险最低。

3.6.4 孕穗期干旱灾害风险评估

综合分析1981—2012年玉米孕穗期干旱发生次数、海拔、坡度以及承灾体脆弱性等相关因素，通过GIS平台进行栅格计算，将旺苍县划分为低、较低、中等、较高、高5个等级，绘制旺苍县玉米孕穗期干旱灾害风险分布图(图3.16)。

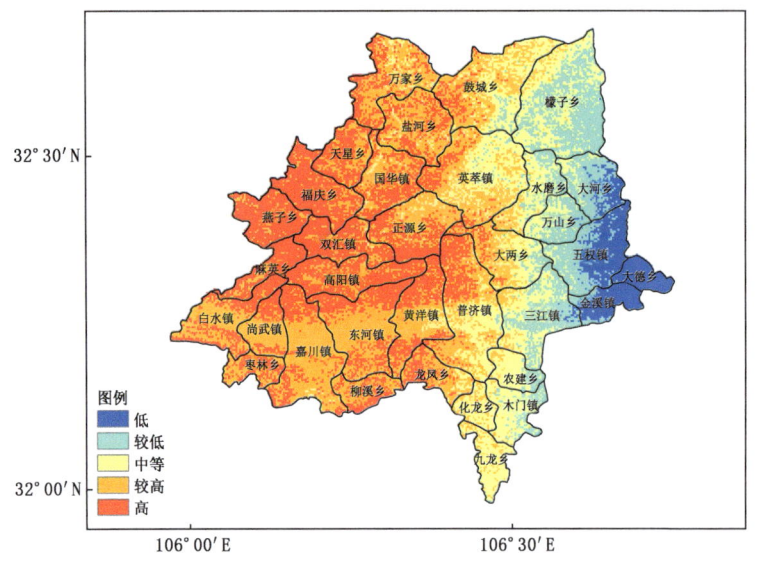

图3.16 旺苍县玉米孕穗期干旱灾害风险分布图

第 3 章　旺苍县水稻和玉米气象灾害风险评估

旺苍县的玉米孕穗期干旱灾害风险空间分布大致呈东西走向,风险从西到东逐渐递减。其中,天星乡、福庆乡、燕子乡、双汇镇、麻英乡、高阳镇,白水镇、尚武镇、东河镇的外围,正源乡、国华镇、柳溪乡的南部,万家乡、龙凤乡的西部,普济镇、嘉川镇的北部以及英萃镇、鼓城乡、盐河乡、大两乡的部分地区属于旺苍县玉米孕穗期干旱的高风险地区;白水镇、尚武镇、东河镇、黄洋镇的中部,嘉川镇、水磨乡、英萃镇的南部,龙凤乡的东部,化龙乡的西部,正源乡的北部以及鼓城乡的大部分地区风险较高;九龙乡,木门镇、农建乡、三江镇、万山乡的西部,大两乡、水磨乡、英萃镇的中部,化龙乡、鼓城乡的东部以及檬子乡的部分地区属于旺苍县玉米孕穗期干旱的中等风险地区;木门镇、农建乡、三江镇、万山乡、水磨乡、檬子乡的东部以及大河乡、五权镇的西部地区风险较低;大德乡、金溪乡以及五权镇、大河乡的东部地区玉米孕穗期干旱灾害风险最低。

3.6.5　玉米农业气象灾害风险评估

结合旺苍县玉米花期暴雨、灌浆期连阴雨、成熟期高温、成熟期暴雨和孕穗期干旱分析以及权重系数,利用自然断点分级法把旺苍县夏玉米农业气象灾害综合风险分成低、较低、中等、较高、高 5 个等级,绘制旺苍县玉米气象灾害风险分布图(图 3.17)。

低风险区:大德乡、金溪镇以及五权镇和大河乡的东部地区为旺苍县玉米气象灾害的低风险区。这些地区位于旺苍县东部,海拔较低,地势较为平缓。除金溪镇和大德乡受孕灾环境风险较大以外,其余地区风险性都较小;除金溪镇还易受成熟期高温风险影响之外,其他各项气象致灾因子风险较低,且该地区承灾体脆弱性较低,综合评价玉米气象灾害风险最低。

较低风险区:檬子乡、万山乡,水磨乡、大两乡、三江镇的东部地区以及大河乡、五权镇的西部地区为旺苍县玉米气象灾害的较低风险区。这些地区部分海拔和坡度比较高,檬子乡、万山乡以及大河乡的部分地区孕灾环境敏感性较高,但除了很小一部分地区的花期暴雨和灌浆期

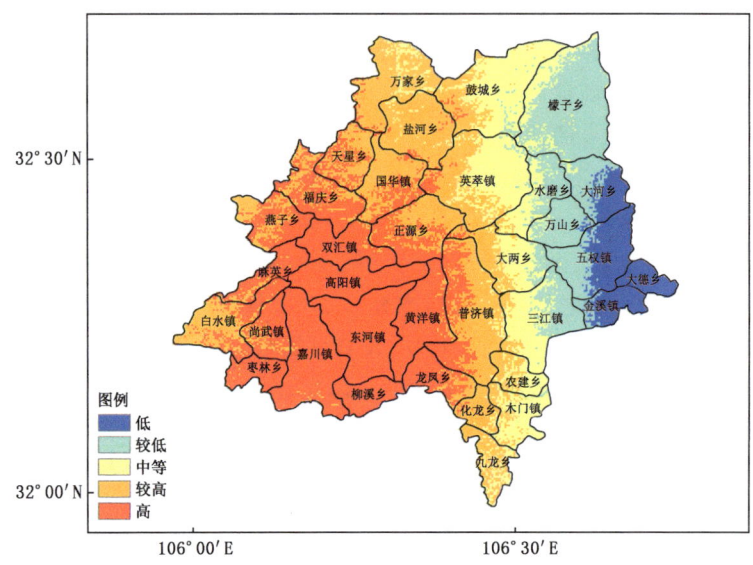

图 3.17　旺苍县玉米气象灾害风险分布图

连阴雨灾害风险比较高之外,气象致灾因子风险性都不高,承灾体脆弱性风险也较低,综合评价玉米气象灾害风险为较低。

中等风险区:鼓城乡、英萃镇、农建乡、木门镇、三江镇的东部,大两乡的中部,以及水磨乡和三江镇的西部为中等风险区。此地区海拔较高,坡度适中孕灾环境敏感性较高,但除了英萃镇气象致灾因子风险性较高外,其他地区比较适中,承灾体脆弱性风险也比较中等,综合评价玉米气象灾害风险为中等。

较高风险区:万家乡、盐河乡、化龙乡、九龙乡,天星乡、普济镇的东部地区,鼓城乡、英萃镇、大两乡、农建乡、木门镇白水镇的西部地区以及正源乡和国华镇的北部地区为较高风险区。这些地区海拔较高,地势较为险峻,孕灾环境敏感性和承灾体脆弱性风险较高,除万家乡、鼓城乡、盐河乡部分地区成熟期高温灾害风险性较低以及鼓城乡、英萃镇部分地区暴雨灾害风险较低外,气象致灾因子风险性较高,综合评价玉米气象灾害风险为较高。

高风险区：柳溪乡、嘉川镇、枣林乡、尚武镇、高阳镇、双汇镇、黄洋镇、麻英乡、东河镇、福庆乡、燕子乡，龙凤乡、普济镇、天星乡的西部地区，正源乡、国华镇的南部地区以及白水镇的东部地区为高风险区。此地区基本与气象致灾因子的高风险区，承灾体脆弱性的高风险区一致；且海拔较低，易受高温影响；坡度较高，干旱更易发生，综合评价玉米气象灾害风险为最高。

第4章 旺苍县作物生态适宜性研究

4.1 作物适宜性区划指标确定

4.1.1 水稻适宜性指标确定

4.1.1.1 水稻气候适宜性指标

对旺苍县及青川县、苍溪县、剑阁县水稻气象产量及对应生育期气象要素进行相关分析,可知旺苍县水稻气象产量与拔节—孕穗期、孕穗—抽穗期平均气温、最低气温及最高气温均呈负相关,与抽穗—成熟期呈正相关,但除拔节—孕穗期平均气温及最高气温外均未达到显著水平。此外,与气象产量呈显著正相关($P<0.05$)的气象要素有分蘖—拔节期雨日数及拔节—孕穗期降水量;拔节—孕穗期日照时数及抽穗—成熟期降水量、雨日数与水稻气象产量呈显著负相关($P<0.05$)(表4.1)。

表4.1 旺苍县水稻气象产量与关键生育期气象因子的相关分析

	平均气温	最低气温	最高气温	降水量	日照时数	雨日数
移栽—分蘖期	0.007	0.062	−0.058	0.217	−0.059	0.038
分蘖—拔节期	−0.030	0.058	−0.080	0.055	−0.101	0.232*
拔节—孕穗期	−0.303**	−0.158	−0.342**	0.225*	−0.385**	0.176
孕穗—抽穗期	−0.134	−0.049	−0.205	0.045	−0.163	0.130
抽穗—成熟期	0.156	0.086	0.212	−0.234*	0.169	−0.360**

注:* 表示5%显著水平,** 表示1%显著水平。

与旺苍县水稻气象产量呈显著相关的气象因子共有7个,为简化气象指标数量,通过分析提取出两个综合反映气象条件对水稻产量影响的主成分(表4.2),累积方差贡献率为77.296%。

表 4.2 旺苍县水稻气候因子主成分方差贡献率

主因子	方差贡献率(%)	累积方差贡献率(%)
F1	50.136	50.136
F2	27.160	77.296

如表4.3所示,第1主成分主要反映水稻生产拔节—孕穗期的热量条件,其影响程度由大到小依次是拔节—孕穗期最高气温、拔节—孕穗期平均气温、拔节—孕穗期日照时数;第2主成分综合反映抽穗—成熟期的降水情况,其影响较高因子为抽穗—成熟期降水量及雨日数。

表 4.3 气候因子主因子载荷系数

气象因子	主成分 F1	主成分 F2
分蘖—拔节期雨日数	−0.540	−0.050
拔节—孕穗期平均气温	0.881	0.117
拔节—孕穗期最高气温	0.952	0.131
拔节—孕穗期降水量	−0.509	0.195
拔节—孕穗期日照时数	0.812	0.061
抽穗—成熟期降水量	−0.153	0.891
抽穗—成熟期雨日数	−0.810	0.846

综合主成分分析结果,研究选取水稻拔节—孕穗期最高气温 X_1、拔节—孕穗期日照时数 X_2、抽穗—成熟期降水量 X_3 及抽穗—成熟期雨日数 X_4 作为旺苍县水稻气候区划因子。结合旺苍县实际情况及水稻生长研究,选取气候区划指标(表4.4)。

表 4.4　旺苍县水稻区划气候指标

气象因子	适宜区	次适宜区	不适宜区
拔节—孕穗期最高气温 X_1(℃)	27～30	25～27,30～33	$<25,\geqslant33$
拔节—孕穗期日照时数 X_2(h)	$\geqslant80$	60～80	<60
抽穗—成熟期降水量 X_3(mm)	240～260	200～240,260～300	$<200,\geqslant300$
抽穗—成熟期雨日数 X_4(d)	10～20	5～10,20～25	$<5,\geqslant25$

以旺苍县及周边区县共 30 个气象站点气象资料为基础，结合站点经度、纬度、海拔高度，建立旺苍县水稻气候区划空间小网格推算模型（王莹 等,2016)(表 4.5)，进行研究区域气象要素插值处理。

表 4.5　旺苍水稻气候区划空间分析模型

推算方程	相关系数(R)	F 值
$X_1=0.329i-0.072j-0.002z-0.991$	0.879*	29.558**
$X_2=7.489i-0.220j-0.016z-687.811$	0.879*	29.511**
$X_3=12.141i+32.644j+0.004z-2106.880$	0.590*	4.623*
$X_4=-0.749i-0.287j+0.007j+104.170$	0.861*	24.887**

注：* 表示 5% 显著水平，** 表示 1% 显著水平，i 为经度，j 为纬度，z 为海拔高度。

4.1.1.2　水稻地形适宜性指标

地形对农业生产的影响主要通过海拔、坡度、坡向。水稻生育期随海拔升高有一定程度延长（王泰伦 等,1984;谭亚玲 等,2009),产量、有效穗数和穗粒数随着海拔的升高呈先增后减趋势（李静 等,2013)。在一定范围内,海拔升高可减少作物病虫害发生,同时加大昼夜温差,促进光合产物积累（王昭,2018),但海拔过高,热量条件则不能满足植物正常生长需要。研究指出,不同坡向因接受的日照时间和太阳辐射强度不同产生小气候差异,其中南坡和西南、东南向阳坡太阳辐射多,热量多,昼夜温差适宜,利于植物生长发育;北坡相反,东坡和西坡介于二者之间（王娇 等,2015)。在地势较低的平坝地区,田块面积大,利于农事活动展开,但土壤质地相对黏重,田间通透性差,对流也差,在大水大肥田间管理下易受到病虫害的袭击;农业生产中坡度过大,不易保水保肥,肥水管理不易。综上所述,结合旺苍县当地情况,水稻种植地形因子区划指标如表4.6所示。

表4.6　旺苍水稻种植地形因子区划指标

区划等级	海拔(m)	坡度(°)	坡向(°)
适宜区	400～600	5～15	南坡、东南坡、西南坡
次适宜区	20～400,600～1200	2～5,15～25	东坡、西坡
不适宜区	<20,≥1200	<2,≥25	北坡、东北坡、西北坡

4.1.1.3　水稻土壤适宜性指标

土壤作为影响作物生产的重要因素之一,pH低于5.0或高于7.0会显著影响水稻的株高、每穗实粒数、结实率和单株产量,pH在5.0～6.0时最适宜水稻生产(易亚科 等,2017)。

4.1.1.4　水稻综合指标权重确定

为综合考虑各要素在旺苍县水稻种植区划中的贡献,引入层次分析法(AHP)建立适宜度评价体系,通过构建判断矩阵并对矩阵一致性进行检验,得出旺苍县水稻种植区划指标权重(金志凤 等,2008)(表4.7)。

表4.7　旺苍县水稻种植区划指标权重

	因子类别	因子类别权重	因子类别内权重
拔节孕穗期最高气温 X_1	B_1	0.5816	0.3519
拔节孕穗期日照时数 X_2			0.3002
抽穗成熟期降水量 X_3			0.1784
抽穗成熟雨日数 X_4			0.1695
海拔 X_5	B_2	0.3090	0.5396
坡度 X_6			0.2970
坡向 X_7			0.1634
土壤pH X_8	B_3	0.1094	1

4.1.2 红心猕猴桃适宜性指标确定

4.1.2.1 红心猕猴桃气候适宜性指标

红心猕猴桃生长对气候生态条件的要求主要有：温度、降水、光照、湿度、风速。为达到红心猕猴桃质优、高产目的,将旺苍县气候数据与猕猴桃气候适宜性指标进行初步对比,发现风速与湿度影响不大,并筛选出全年累计降雨量、全年≥10 ℃积温、果实膨大期到成熟期(5—8月)日照时数、果实糖分转化期(7月下旬到8月中旬)平均气温4个指标作为区划指标。结合夏恒等(2013)、张丽芳等(2018)、池再香等(2016)的研究成果,通过对旺苍县红心猕猴桃实地考察,将旺苍适宜红心猕猴桃生长的区划指标定为7月下旬到8月中旬,平均气温≥25 ℃,年降雨量≥1000 mm,5—8月日照时数≥600 h,≥10 ℃的积温≥5000 ℃·d(表4.8)。

表 4.8 旺苍县猕猴桃气候适宜性区划指标

分区	7月下旬到8月中旬平均气温(℃)	年降雨量(mm)	5—8月日照时数(h)	≥10 ℃积温(℃·d)
适宜区	≥25	≥1000	≥600	≥5000
次适宜区	20～25	<1000	500～600	4500～5000
不适宜区	<20	<1000	<500	<4500

以旺苍县及周边地区观测资料为基础,构建各区划指标推算模型(何燕 等,2013),见下式:

$$X = f(i,j,z) + \varepsilon$$

式中,X 为区划指标(平均气温、年降雨量、日照时数、≥10 ℃积温);i、j、z 分别为经度、纬度、海拔高度;ε 为残差项,表示模型推算值和实际观测值之差。利用多元线性回归方程组,建立推算模型,各区划指标小网格推算方程如表4.9所示:

第 4 章 旺苍县作物生态适宜性研究

表 4.9 旺苍县气候区划指标小网格推算方程

区划指标 X_i	推算方程
7月下旬到8月中旬平均气温 X_1	$X_1 = 0.6298i - 0.6769j - 0.0046z - 16.3171$
年降雨量 X_2	$X_2 = 41.672i - 77.474j + 0.227z - 1053.723$
5—8月日照时数 X_3	$X_3 = 41.536i + 8.5380j - 0.1140z - 3979.6670$
≥10 ℃积温 X_4	$X_4 = -1.0673i - 135.4554j - 1.6856z + 10593.0607$

使用 GISMAP 软件，以及国家基础地理信息中心提供的 1∶250000 DEM 数据，建立 0.5 km×0.5 km 小网格栅格数据，在每个网格中心点生成点数据，利用 GIS 集合计算功能，在属性表中生成双精度坐标数据，利用小网格推算模型，代入 i(经度), j(纬度), z(海拔高度)得到点数据区划指标，利用反权重距离插值方法得到网格分布，与处理后的 DEM 数据叠加，得到各个气候区划指标在旺苍县的分布。

4.1.2.2 红心猕猴桃地形适宜性指标

地形是影响作物种植的重要因素，主要包括坡度、坡向、海拔 3 个因子。经过实际调查走访，发现红心猕猴桃适合种植在坡向为东南、东向，坡度在 0～15°的缓坡，当坡度＞25°时，则易发生水土流失，甚至山体滑坡，而东南向、东向日照时数较长，有利于春季萌芽期生长，避免了夏季午后太阳直射，造成萎蔫、果实灼伤等问题。红心猕猴桃纵向分布较广，海拔从 500～2000 m 都有分布，以 800～1800 m 为宜，海拔过高温度较低，会影响植株在夏季的热量吸收，影响果实质量，海拔过低，昼夜温差较小，不利于果实营养物质的积累使果实质量下降。旺苍县地势北高南低，植株更适合种植在南部低海拔地区与北部高海拔地区过渡带的山坡上。由于猕猴桃喜东南、缓坡的特性，坡度指标定为 0～15°为适宜区，＞15°为不适宜区。坡向指标定为东向(67.5°～112.5°)、东南向(112.5°～157.5°)为适宜区，其他方向为不适宜区。

4.1.2.3 红心猕猴桃土壤适宜性指标

土壤是红心猕猴桃赖以生长基础，以深厚、肥沃，富含腐殖质，并且排水效果较好的砂质土壤为优。猕猴桃植株喜酸,通过对旺苍县及周边市(县)实地调查,结合李百云等(2008)针对陕西眉县猕猴桃开展的土壤养分分析结果,当pH为5.5~6.5时,旺苍县适宜种植红心猕猴桃。当pH为6.5~7.9时,即偏中性的土壤,生长较慢。当pH>7.9时,易发生黄化病,不宜种植猕猴桃;当pH<5.5时,酸度过高,不适宜猕猴桃生长。因此,pH区划指标以5.5~6.5为适宜区,6.5~7.9为次适宜区,>7.9或<5.5为不适宜区。

4.1.3 春茶适宜性指标确定

春茶喜温湿、喜光,耐阴怕晒,自然条件下随季节轮性生长,全年有3次生长和休止。温度作为影响春茶生长重要条件,既决定春茶的地理分布,也制约其生长发育速度。春茶对温度敏感,其生长需年平均气温13 ℃以上,≥10 ℃的积温3000~4500 ℃·d;当平均气温稳定于10 ℃以上时新梢开始萌发,日平均气温上升到30 ℃以上时,春茶生长受到抑制;气温低于4 ℃时,春茶会遭受霜冻危害,气温降到1~2 ℃,春茶焦枯,气温降到-2 ℃时,春茶大部分死亡。春茶在生长发育过程中,对水分及光照需求十分迫切,通常要求年降水量1100~1400 mm,当相对湿度在88%以上、日照百分率45%以下时,最适宜出产高品质春茶(孙怡,2016;申锦程,2018;杨亚军,2005;金志凤 等,2014;黄伟娇,2011;林秀香,2014;杨利霞 等,2015)。

"高山云雾出好茶",地形通过影响水热分配而影响作物生长。研究指出,海拔高度在800 m附近,春茶品质最佳(汪春园 等,1996),超过900 m,春茶品质开始下降。坡度过缓,排水不利,春茶可能会因为积水而烂根,坡度过陡,则水分流失多,土壤受侵蚀可能性加大,土层变得浅薄而贫瘠(李国奇 等,2001),当坡度>25°时国家明令退耕,不适合种植春茶(史同广,2007)。坡向不同,日照时间、辐射强度及其地表蒸发量不同,偏南坡向能获得较多日照,同时早晨和傍晚空气湿度高,在气温较低时受较多的漫射光照射,有利于春茶中氨基酸的合成和积累,提升春茶品质。

春茶喜偏酸性土壤,土壤偏碱性时春茶生长逐渐停滞甚至死亡。土壤 pH 为 4.5~5.5 时适宜春茶生长,有利于出产高品质春茶(陈婵婵 等,2009;廖万有,1998),pH 为 4.0~4.5,5.5~6.5 时为次适宜,pH<4.0 或≥6.5 时春茶品质受到不良影响。研究结合旺苍县实际生产情况,共选取 4 个气象因子、3 个地形因子及土壤 pH 作为春茶生态适宜性区划指标(表 4.10)。

表 4.10 旺苍县春茶生态适宜性区划指标

	评价因子	适宜区	次适宜区	不适宜区
气候因子	1月平均最低温度(℃)	≥2	0~2	<0
	年≥10 ℃积温(℃·d)	≥4000	3500~4000	<3500
	年日照百分率(%)	≤40	40~45	>45
	年降水量(mm)	≥1100	1100~800	<800
地形因子	海拔(m)	500~900	<500,900~1200	≥1200
	坡度(°)	3~15	15~25	<3,≥25
	坡向	东南坡、西南坡	南坡、东坡、西坡、东北坡、西北坡	北坡
土壤因子	土壤 pH	4.5~5.5	4.0~4.5,5.5~6.5	<4.0,≥6.5

4.2 作物适宜性区划等级评价方法

研究评价方法采用基于 GIS 加权指数求和法,将各要素适宜、次适宜和不适宜指标分别赋值 1、2、3,得到不同因子层适宜度指数并标准化后计算旺苍县水稻、红心猕猴桃和春茶的综合适宜度指数(郭建茂 等,2017),基于 GIS 平台通过自然断点分级法将旺苍县划分为种植适宜、次适宜、不适宜 3 个等级区域。

$$V = \sum_{i=1}^{n} W_i \cdot D_i$$

式中,V 为评价因子值;W_i 为指标 i 的权重;D_i 为指标 i 的标准化值;n

为评价指标的个数。

4.2.1 水稻生态适宜度评价

旺苍县水稻种植区划气候指标权重通过主成分分析所得各因子方差贡献率确定(王丹丹 等,2018):

$$W_{F_i} = \frac{\lambda_i}{\sum_{i=1}^{2}\lambda_i}$$

$$W_{x_i} = |a_{ij}|W_{F_j} \quad i=1,2,3,4;\ j=1,2,3$$

$$W_i = \frac{W_{x_i}}{\sum_{i=1}^{4}W_{x_i}}$$

式中,W_{F_i} 为第 i 个主因子的权重,λ_i 为主因子 F_i 的方差贡献率,气候因子 x_i 的权重为 W_{x_i},a_{ij} 为表 4.11 中第 i 行、第 j 列的系数,对 W_{x_i} 进行标准化处理即得气候因子权重 W_i,旺苍县水稻气候因子权重计算结果如表 4.11 所示。

表 4.11 旺苍县水稻气候因子权重

气象因子	主成分因子	主成分因子权重 W_{F_i}	气象因子权重 W_{x_i}	归一化气象因子权重 W_i
X_1	F1	0.6486	0.6175	0.3519
X_2			0.5267	0.3002
X_3	F2	0.3514	0.3131	0.1784
X_4			0.2972	0.1695

4.2.2 红心猕猴桃生态适宜度评价

将气象站点数据与经度、纬度、海拔高度结合,制作成属性表,导入GIS,生成点数据,利用工具箱对点数据进行插值计算,得出各个气候区划指标在空间上的分布。在气候指标空间分布基础上,集合土壤指标、地形指标分布图,结合模糊数学方法(刘国成 等,2007)与各指标权重,建立红心猕猴桃区划模型。

由于区划指标分为气候、土壤、地形三类,7月下旬到8月中旬平均气温、年降水量、5—8月日照时数、年≥10 ℃积温、土壤pH、坡度、坡向、土壤质地类型共8种,为整合这8种数据,得到猕猴桃精细化区划方案,使用模糊数学方法,建立隶属函数(刘运通 等,2001)并对所有区划指标数据类型进行经验性打分(吴燕辉 等,2008),确定各个指标隶属函数类型(张天也,2015),如表4.12和表4.13所示。

表4.12 区划指标函数类型

指标	函数类型	标准值	上限	下限
7月下旬到8月中旬平均气温(℃)	上戒型	25	/	20
年降水量(mm)	上戒型	1000	/	/
5—8月日照时数(h)	上戒型	600	/	500
年≥10 ℃积温(℃·d)	上戒型	5000	/	4500
土壤pH	峰值型	6.5	7.5	5.5
坡度(°)	下戒型	10	15	/

表4.13 散点型区划指标及经验打分

坡向	得分	土壤质地类型	得分
平地	1	鱼眼沙黄壤	1
东向(67.5°~112.5°)	1	黄壤	0
东南(112.5°~157.5°)	1	中性紫色土	0.5
其他方向	0	灰棕潮田土	0
		石灰性紫色土	0

参考陕南猕猴桃适宜性评价及其区划研究(崔培阳,2017),得到各指标权重:气候指标权重0.6(7月下旬到8月中旬平均气温0.15,年降水量0.15,日照时数0.15,年≥10℃积温0.15),土壤指标权重0.2(土壤质地类型0.1,pH0.1),地形指标权重0.2(坡向0.1,坡度0.1)。

4.2.3 春茶生态适宜度评价

为综合分析各评价因子贡献,研究引入层次分析法建立因子权重评价体系。以旺苍县春茶生产适宜性区划为目标,影响春茶生产的气候、地形、土壤三个评价因子为因子层,各评价指标为子因子层,同一层因子以1~9比率定量化比较各因子重要性,评价因子越重要,值越大,通过构建判断矩阵及CR检验得到各指标权重(童英华 等,2020)(表4.14)。

表 4.14　旺苍县春茶种植区划指标权重

	因子类别	因子类别权重	因子类别内权重
年≥10℃积温			0.4231
1月最低气温	B_1	0.29	0.2273
年日照百分率			0.1222
年降水量			0.2274
海拔			0.1634
坡度	B_2	0.42	0.5396
坡向			0.2970
土壤 pH	B_3	0.29	1

4.3　作物生态适宜性分析

4.3.1　水稻生态适宜性区划

4.3.1.1　气候适宜性区划

图4.1为旺苍县水稻种植气候区划图。由图可知,水稻种植气候不适宜区主要集中在旺苍县北部包括万家乡、天星乡、福庆乡、燕子乡、盐河乡、国华镇、鼓城乡、檬子乡、英萃镇、正源乡、水磨乡、大河乡等部分海拔较高区域。这部分地区水稻拔节—孕穗期日照时数在65~80 h,

热量条件偏差,影响水稻幼穗分化,同时抽穗成熟期雨日数偏多,在 25~30 d,对水稻扬花授粉有一定的不利影响。水稻种植适宜区主要位于旺苍县东西走向的槽谷带及北部海拔较低区域,该区域在水稻拔节孕穗期日照时数大于 80 h,且平均最高温度低于 31 ℃,光热适宜且充足;同时降水充沛,能满足水稻生长对水分的需求,抽穗成熟期的雨日数 15~25 d,对水稻病虫害发生发展无明显促进作用,水热匹配良好。

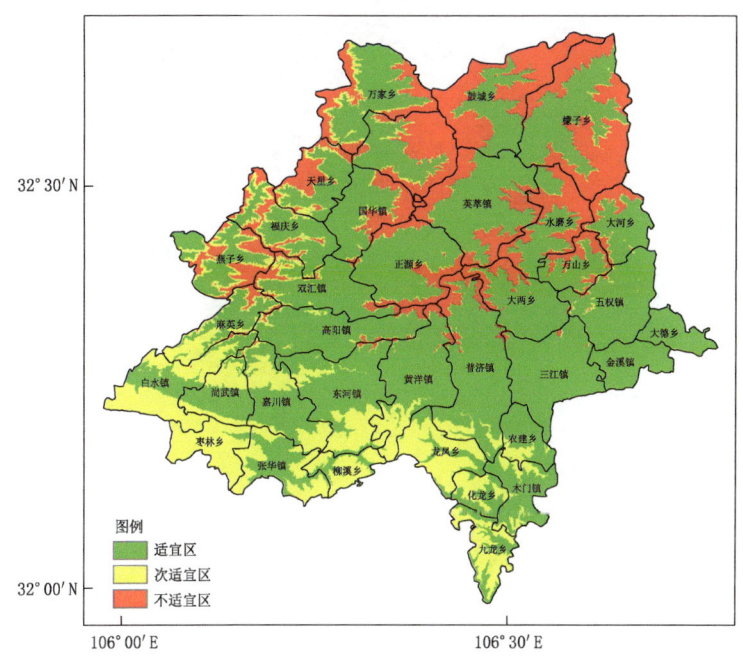

图 4.1　旺苍县水稻种植气候区划图

4.3.1.2　地形适宜性分析

旺苍县水稻种植地形区划如图 4.2 所示,整体南部较北部区域更利于水稻种植,地形适宜区主要集中在东西向槽谷带及其以南部分地区,这部分地区海拔在 400~600 m,阳坡为主,昼夜温差较阴坡利于水稻干物质累积,有助于品质提升,坡度在 5~15°,利于肥水控制及农事活动开展。不适宜区主要集中在旺苍县北部高寒山区,该区域海拔较高热量条件差,尤其阴坡最为明显,坡度在30°~70°,地势陡峭,不利于水肥保持及水稻集约化种植。

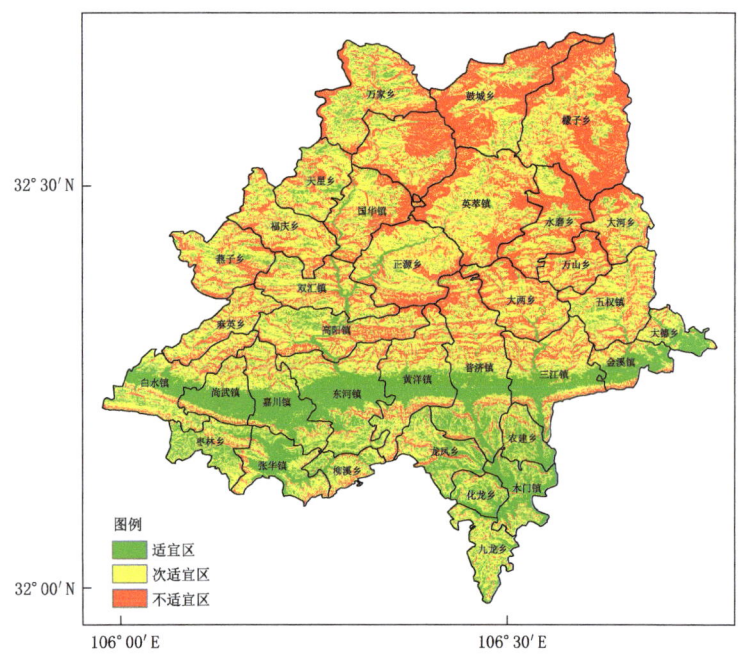

图4.2　旺苍水稻种植地形区划图

4.3.1.3　土壤适宜性分析

如图4.3所示,旺苍县土壤类型分为中山黄壤土、中山鱼眼沙黄壤土、低山中性紫色土、平坝灰棕潮田土、中低山石灰性紫色土5个类别。其中中山鱼眼沙黄壤土区分布在县境东北部中山地区,pH在5.5~6.5,该区域为水稻种植土壤适宜区;水稻种植土壤次适宜区位于县境中部、西北部低中山区的中山黄壤土区及广泛分布于县境中南部低山中性紫色土,pH分别为4.5~5.5及7~7.5。水稻种植不适宜区在县境南部,土壤类型以中低山石灰性紫色土为主,pH大于7.9,碱性偏高(图4.4)。

第 4 章　旺苍县作物生态适宜性研究

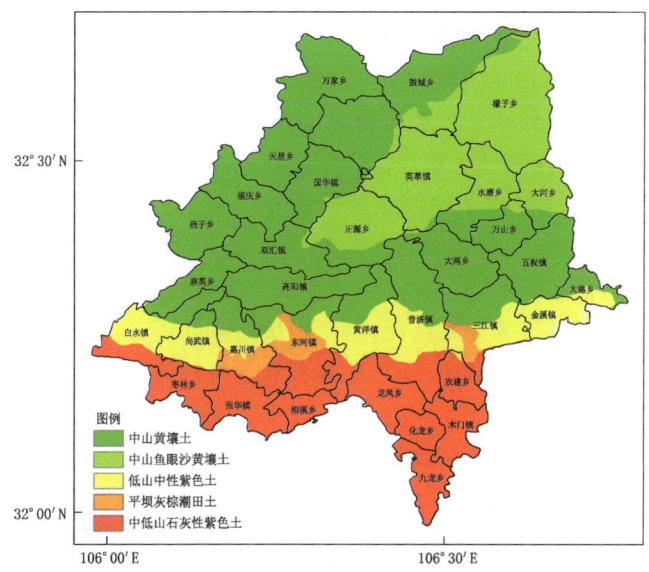

图 4.3　旺苍县土壤类型分布图

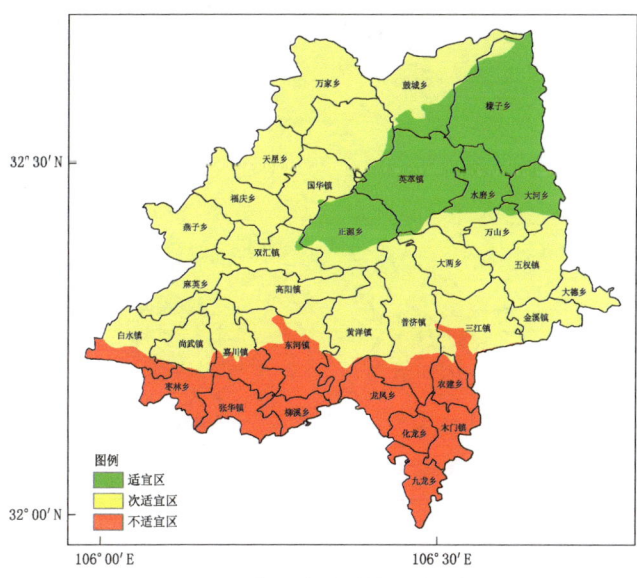

图 4.4　旺苍县水稻种植土壤区划图

4.3.1.4 生态适宜性分析评述

基于GIS平台对气候、地形、土壤标准化指标进行加权计算后通过自然断点法得到旺苍县水稻种植综合区划(图4.5)。

统计可知,旺苍县水稻种植适宜区面积约1014.33 km^2,占全县面积的33.96%,主要位于中部东西向槽谷带包括白水镇、尚武镇、嘉川镇、东河镇、黄洋镇、普济镇、三江镇、金溪镇、大德乡部分地区,及东北西南向分布的正源乡、英萃镇、檬子乡部分海拔较低地区。种植适宜区域水稻生育期各气象要素匹配良好,土壤酸碱度适宜,地形地势利于水土保持及农事活动开展,大面积地块也利于机械化种植,正常年景下水稻生产能获得优质高产。

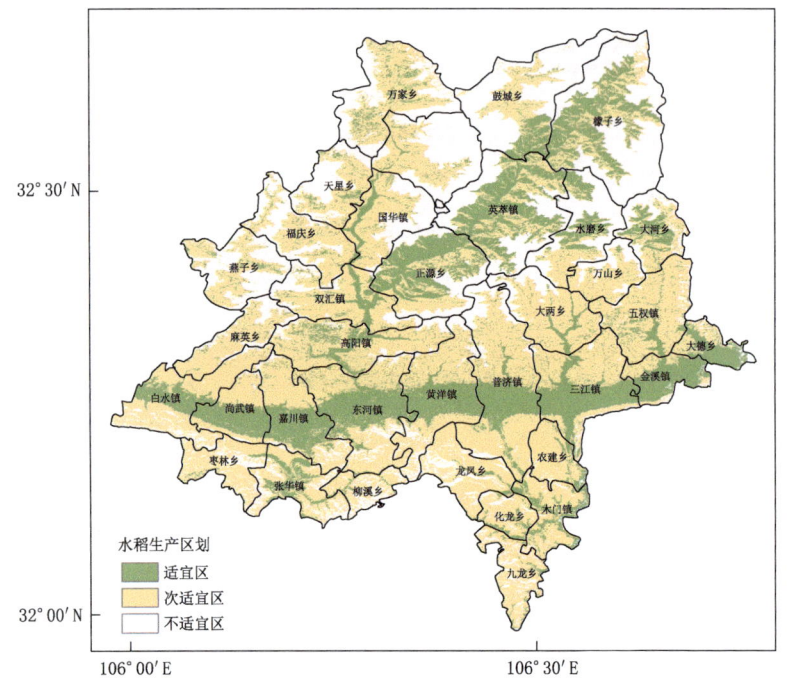

图4.5 旺苍县水稻种植综合区划图

水稻种植次适宜区面积约 1205.14 km², 占旺苍县面积的 40.34%, 分散较广, 主要分布在旺苍县槽谷带周边区域及西北—东南向万家乡、盐河乡、天星乡、国华镇、双汇镇、麻英乡等部分地区。次适宜区相对于水稻生产适宜区, 限制水稻生产的主要因素为地形地势及土壤因子, 该区域海拔多在 600～1200 m, 热量条件相对较差, 坡度略陡, 生产活动开展有一定限制, 同时土壤 pH 偏高, 水稻生产相对适宜区不稳定。

水稻种植不适宜区域面积占旺苍县面积的 25.70%, 约 767.53 km²。该区域径向分布于万家乡、天星乡、福庆乡、燕子乡、盐河乡、国华镇、鼓城乡、檬子乡、大河乡、水磨乡、英萃镇、正源乡、万山乡、大两乡等部分地区。不适宜地区海拔多高于 1200 m, 光热资源差, 在水稻抽穗—成熟期气象条件利于病虫害发生发展, 土壤 pH 偏低, 地势较陡峭, 水肥保持及管理不易, 机械化生产困难, 不适宜发展水稻种植

4.3.2 红心猕猴桃生态适宜性区划

4.3.2.1 气候适宜性分析

(1)单要素气候适宜性指标分析

旺苍县 7 月下旬到 8 月中旬日平均气温分布。如图 4.6 所示, 按照区划指标, 划分出气温<20 ℃、20～25 ℃、≥25 ℃三类区域。<20 ℃区域较少, 主要分布在盐河乡、鼓城乡、大河乡、檬子乡。这些区域由于气温不足, 影响红心猕猴桃果实糖分转化, 果实口味不佳, 不适宜种植红心猕猴桃。≥25 ℃区域主要集中在旺苍县南部低海拔地区, 低海拔地区气温较高, 有利于红心猕猴桃果实糖分转化, 果实品质较高, 这些区域是最适宜种植红心猕猴桃的。气温在 20～25 ℃的区域主要集中在旺苍县北部, 南部东西向槽谷地区以外区域也有少量分布, 由于海拔升高, 气温有所下降, 红心猕猴桃糖分转化效果不佳, 定为次适宜种植区。

1971—2017 年旺苍县年平均降水量分布如图 4.7 所示, 由于红心猕猴桃根系较浅, 既不耐旱也不耐涝, 对降水量要求较高, 当年降水量<1000 mm 时, 不适合红心猕猴桃生长, 须进行灌溉, 增加成本, 因此

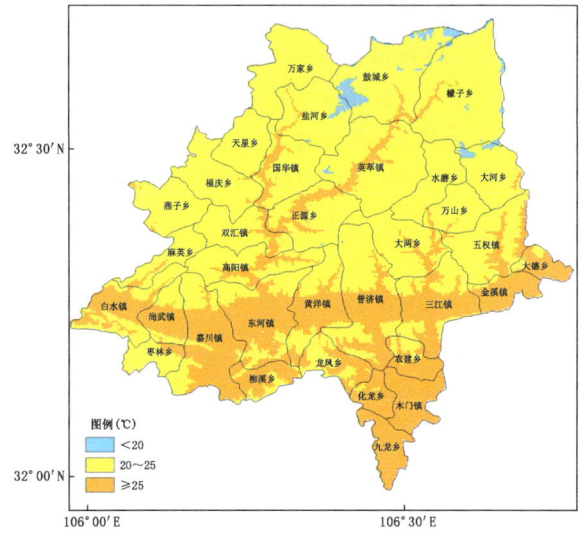

图 4.6 旺苍 7 月下旬到 8 月中旬日平均气温分布图

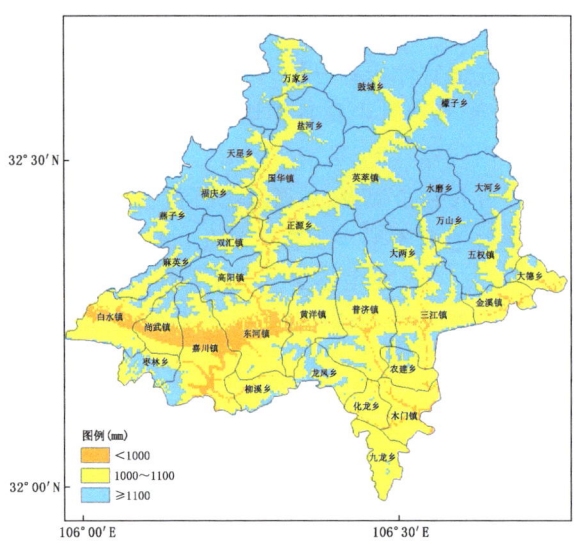

图 4.7 1971—2017 年旺苍县年平均降水量分布图

年降水量<1000 mm 地区定为红心猕猴桃不适宜种植区,此类区域主要集中在旺苍县西南部,如白水镇、尚武阵、嘉川镇、东河镇等地区,而年降水量>1000 mm 地区为红心猕猴桃适宜种植区,除东西向槽谷地区的西侧、南部及北部部分地区,旺苍县大部分地区降水量都是适宜的。

5—8 月旺苍县日照时数分布如图 4.8 所示。5—8 月是红心猕猴桃的果实膨大期到成熟期,对日照需求很高,如果日照时数不足,会影响红心猕猴桃果实大小。按照区划指标,划分出日照时数<500 h、500~600 h、≥600 h 三类区域。<500 h 区域主要集中在盐河乡、鼓城乡、大河乡,日照时数不足会导致红心猕猴桃果实较小,不适宜种植。

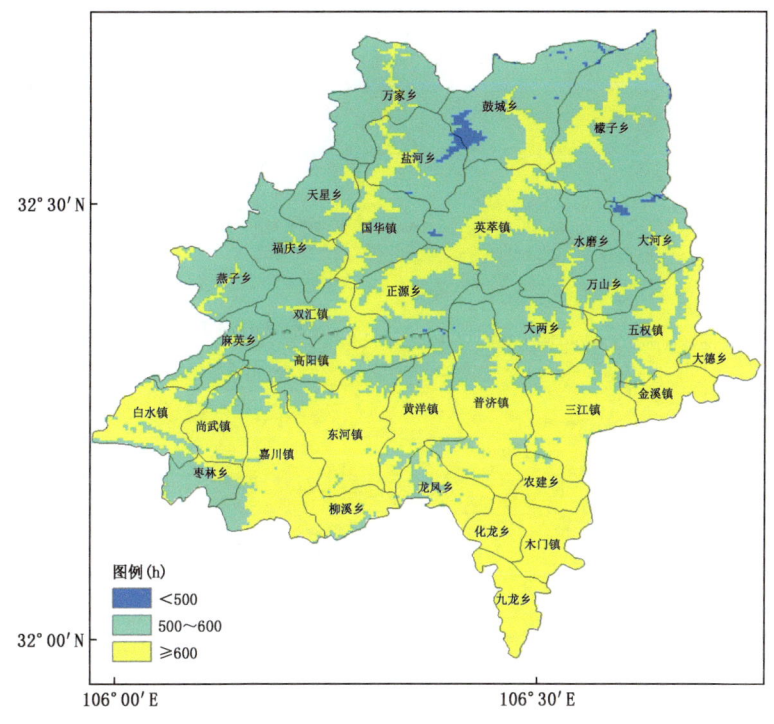

图 4.8 5—8 月旺苍县日照时数分布图

≥600 h区域主要分布在旺苍县东西向槽谷地区,南部化龙乡、木门镇、九龙乡等低海拔地区以及旺苍县北部部分低海拔区,这些地区日照充足适合猕猴桃生长,为适宜种植区。500～600 h区域主要分布在旺苍县北部海拔较高地区,这些区域能够满足红心猕猴桃对日照基本需求,定为猕猴桃种植次适宜区。

1971—2017年旺苍县年≥10 ℃积温分布如图4.9所示,积温是研究有机体发育速度与温度之间关系的一种指标,红心猕猴桃对积温需求为4500～6000(℃·d)/a,当积温<4500(℃·d)/a,不利于红心猕猴桃生长,因此图中蓝色区域是红心猕猴桃种植不适宜区域。当积温≥5000(℃·d)/a,红心猕猴桃生长速度最快,因此图中棕色区域为红

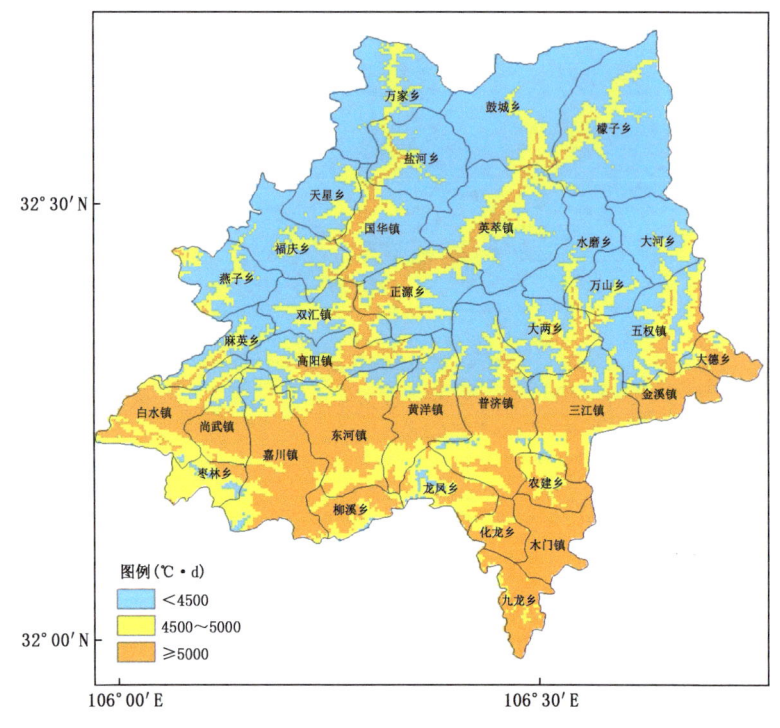

图4.9　1971—2017年旺苍县年≥10 ℃积温分布图

心猕猴桃适宜种植区。黄色区域,即 4500～5000（℃·d)/a 区域,较适宜猕猴桃生长,划定为猕猴桃次适宜种植区。因此,猕猴桃积温最适宜种植区集中在南部低海拔地区,积温不适宜种植区在北部高纬度地区,次适宜种植区在最适宜种植区与不适宜种植区之间过渡带上。

(2)气候适宜性综合分析

旺苍县红心猕猴桃种植气候适宜性区划如图 4.10 所示。对 4 个权重相等的气候指标使用区划模型进行打分,按照红心猕猴桃生长对气候条件的需求,因为 4 个气候指标权重相等,且函数类型都为上戒型,将得分在 0.95～1 定为最适宜区,在此区域都满足气候指标要求。而得分在 0.8～0.95,基本满足红心猕猴桃生长气候条件需求,但可能

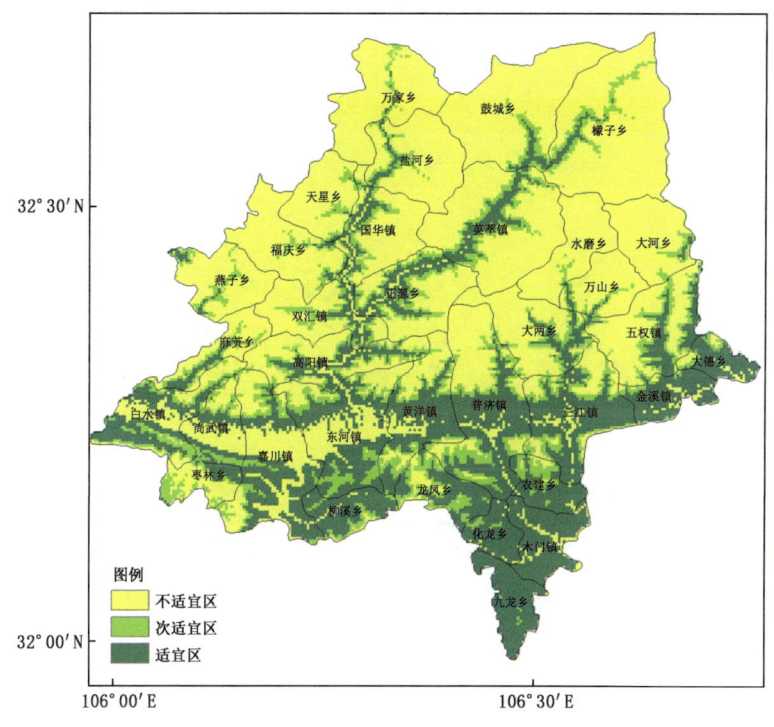

图 4.10 旺苍县猕猴桃气候适宜性区划图

某些条件不能完全满足,产品品质不如适宜区好,故定为次适宜区,其他区域为不适宜区。从适宜性区划图来看,旺苍县红心猕猴桃种植气候适宜区集中在旺苍县东南部,东西向槽谷东侧以及南部的化龙乡、木门镇、九龙乡等地区,旺苍县北部低海拔地区有少量分布。不适宜区主要集中在旺苍县北部,在东西向槽谷西侧也有大面积分布,而次适宜区主要集中在适宜区与不适宜区之间,面积较少。

4.3.2.2 地形适宜性分析

(1)单个地形适宜性指标分析

旺苍县坡向分布如图 4.11 所示。蓝色区域是东向(67.5°~112.5°)、东南向(112.5°~157.5°),朝向这两个方向的坡地日照时数较

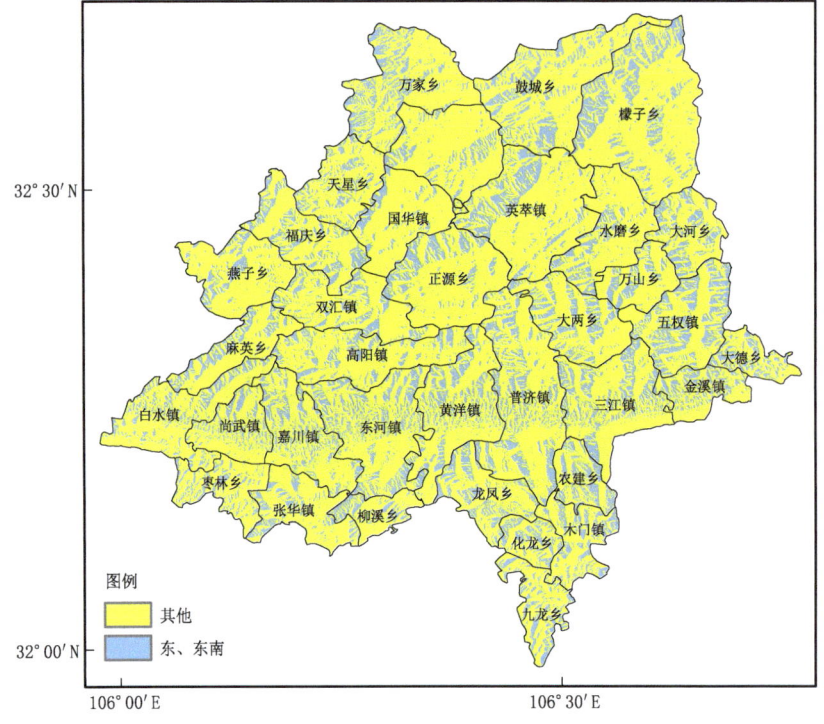

图 4.11 旺苍县坡向分布图

长,有利于红心猕猴桃春季萌芽期生长,也避免了夏日下午太阳直射造成日灼,是红心猕猴桃种植的适宜区,而其他方向坡地则为红心猕猴桃的种植不适宜区。总体来看旺苍县东、东南向坡地分布较为均匀。

旺苍县坡度分布如图 4.12 所示。由于红心猕猴桃根系较浅,适合种植在 0°～15°的缓坡,并且缓坡不容易发生水土流失,因此坡度为 0°～15°的缓坡为红心猕猴桃的适宜种植区,坡度≥15°的地区为红心猕猴桃的不适宜种植区。旺苍县南部海拔较低,北部海拔较高,南部有一条东西向的槽谷,而 0°～15°的坡地在旺苍县较少,主要集中在西南部槽谷,化龙乡、农建乡、木门镇等地区。

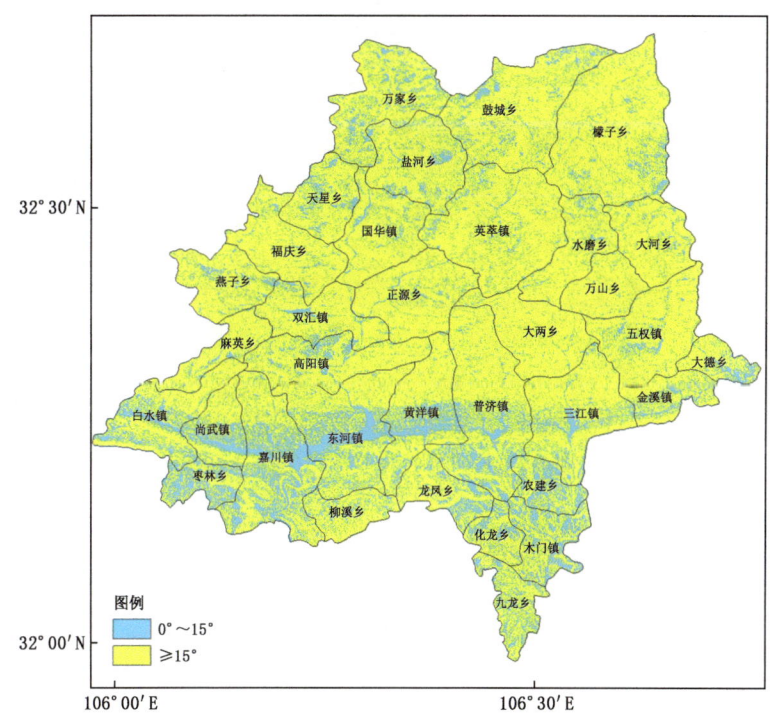

图 4.12 旺苍县坡度分布图

(2)地形适宜性综合分析

旺苍县红心猕猴桃种植地形适宜性区划如图4.13所示。适宜区为东南向缓坡,主要集中在旺苍县南部,东西向槽谷地区,农建乡、五权镇、化龙乡等地区也有分布。次适宜区分布较广,主要集中在东西向槽谷西侧,而其他地区因为坡向和坡度条件都不满足,为红心猕猴桃种植的不适宜区。

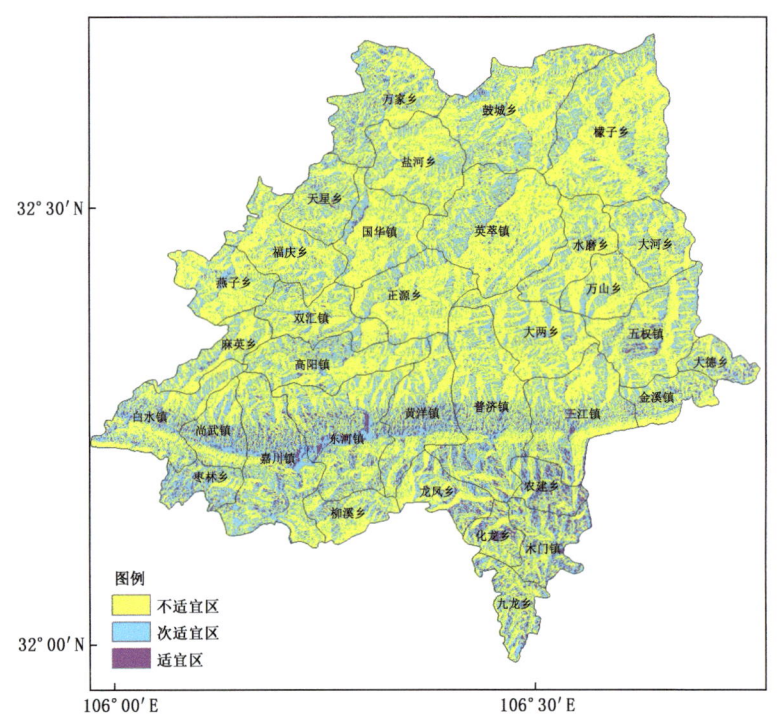

图4.13 旺苍县猕猴种植地形适宜性区划图

4.3.2.3 土壤适宜性分析

旺苍县红心猕猴桃种植土壤适宜性分布如图4.14所示,北部偏东主要为中山鱼眼沙黄壤土区(pH为5.5~6.5),西北和中部为中山黄壤土区(pH 为 4.5～5.5),东西向槽谷地区主要为低山中性紫色土区(pH 为 6.5～7.5),槽谷中的平坝地区主要为平坝灰棕潮田土区(pH 为 5.5～6.5),南部为中低山石灰性紫色土区(pH＞7.9)。根据 pH 区划指标可知 5.5～6.5 为适宜区,6.5～7.9 为次适宜区,≥7.9 为碱性不适宜区,＜5.5 为酸性不适宜区。因此,旺苍县东北部鱼眼沙黄壤土区是红心猕猴桃种植适宜区,西北和中部黄壤土区是红心猕猴桃种植不适宜区,中性紫色土区集中的东西向槽谷地区,是红心猕猴桃种植次适宜区,槽谷中平坝灰棕潮田土区和南部的中低山石灰性(碱性)紫色土区是猕猴桃种植不适宜区。旺苍县红心猕猴桃土壤种植适宜区集中在北部和槽谷地区。

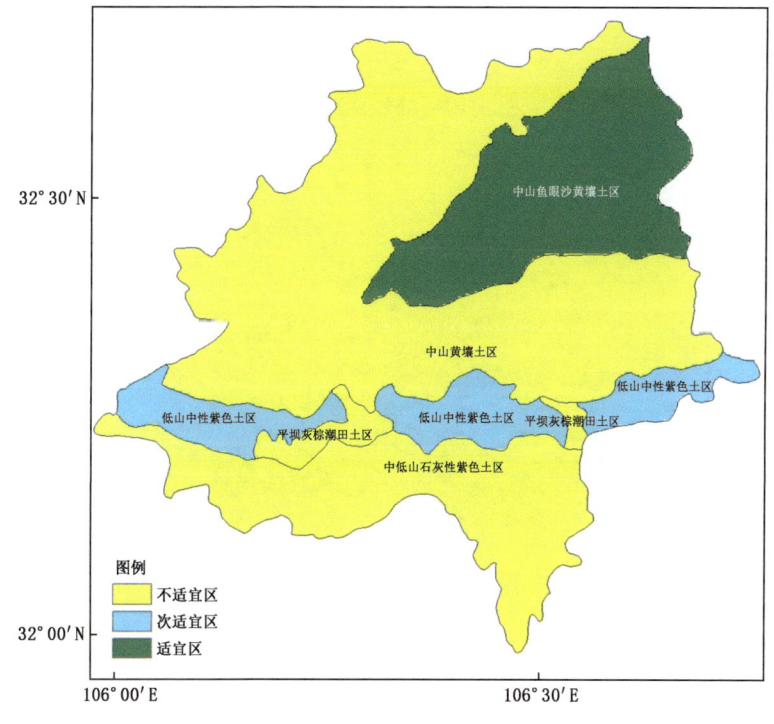

图 4.14　旺苍县红心猕猴桃种植土壤适宜性分布图

4.3.2.4 生态适宜性分析评述

旺苍县红心猕猴桃生态适宜性区划如图 4.15 所示。通过 GIS 重分类工具,将栅格数据分类为图中三类,统计得出各个类型的面积。参考陕南猕猴桃适宜性评价及区划研究,将旺苍县红心猕猴桃种植生态适宜性分为 3 个等级:适宜区(0.75~1)、次适宜区(0.6~0.75)、不适宜区(0~0.6)。适宜区域得分超过 0.75,面积为 208.53 km²,主要集中在旺苍县东北部檬子乡、英萃镇、正源乡,东西向槽谷地区的东侧,以及南部农建乡、化龙乡等地区。次适宜区域得分在 0.6~7.5,面积为 597.15 km²,主要集中在旺苍县南部,适宜区周围。其余区域得分小于 0.6,是红心猕猴桃种植的不适宜区。

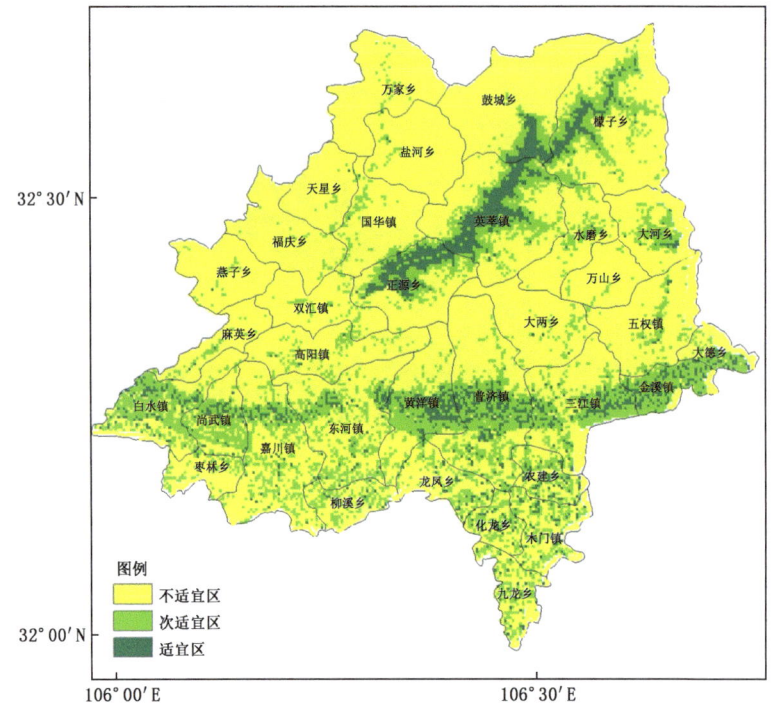

图 4.15 旺苍县猕猴桃生态适宜性区划图

4.3.2.5 对比验证

2017年通过对旺苍县部分基层乡镇开展调研,走访农技人员和猕猴桃种植农户,实地查看红心猕猴桃种植环境,中部和北部大部分地区因为山区交通不便,运输成本较高,产业发展相对较慢。旺苍县红心猕猴桃产业是经县农业部门统一规划与指导,主要集中于东西向槽谷地区,各地区种植面积都是经过专家论证和政府决策后拟定的,对于验证生态适宜性区划很有参考价值(表4.15)。

表4.15 2017年旺苍县规模性种植猕猴桃乡镇面积分布统计

乡镇	区划结果	面积(hm^2)	区划与种植面积对比
普济镇	北部适宜	100	一致
东河镇	适宜	400	一致
嘉川镇	适宜	133	一致
张华镇	分散适宜,次适宜	200	一致
黄洋镇	适宜	9	不一致
高阳镇	分散适宜,次适宜	20	一致
尚武镇	次适宜	73	一致
木门镇	不适宜	27	不一致
合计		962	一致率75%

其中黄洋镇、木门镇的结果与区划不一致,可能由于当地农业部门在规划需要统筹考虑到交通运输和其他产业发展等因素,如黄洋镇交通便利且煤炭资源丰富,镇内产业以采矿业为主,同时黄洋春茶、核桃等产业也比较发达,一定程度上制约了猕猴桃产业发展。

4.3.3 春茶生态适宜性区划

4.3.3.1 春茶种植评价因子区划

图4.16(a)、(b)、(c)分别为旺苍县春茶种植气候、地形、土壤适宜性区划。旺苍县大部地区气候条件均能满足春茶生长所需,其中气候

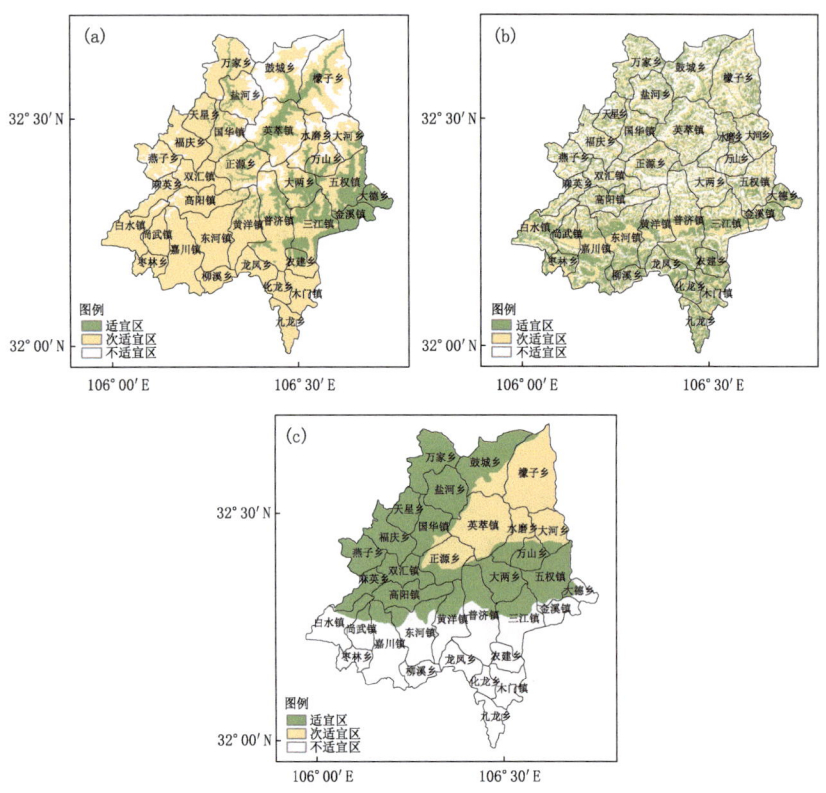

图 4.16　旺苍县春茶种植气候适宜性区划(a)地形适宜性区划(b)土壤适宜性区划(c)分布图

适宜区主要集中在槽谷地带东部包括大德乡、金溪镇、三江镇、农建乡、五权镇、大两乡及旺苍县东北—西南向部分区域,这部分地区光、温、水匹配良好,气候条件利于出产优质春茶。旺苍县气候次适宜区则因年降水量限制了春茶的优质高产。气候不适宜区多集中在米仓山走廊北部高海拔地区,此区域一方面热量条件差,春茶生长受限,另一方面日照百分率高,不利于春茶品质形成。地形地势上,旺苍县南部整体较北部更适宜春茶种植,其地形不适宜区多分散于槽谷地带以北地区,该区域地形地势多变,海拔高度及坡度是春茶产业化生产主要限制因子。旺苍县西北部为中山黄壤土区,pH 为 4.5～5.5,为适宜春茶种植的偏酸性土壤,旺苍县东北部为中山鱼眼沙黄壤土区,pH 在 5.5～6.5,是春茶种植土壤次适宜区,旺苍县中部及南部分布有低山中性紫色土、平坝灰棕潮田土、中低山石灰性紫色土,其 pH 均偏碱性,为春茶种植不适宜区。

4.3.3.2 春茶种植生态适宜性区划

旺苍县春茶种植生态适宜性区划分布如图 4.17 所示,适宜区主要位于在其东西向槽谷带以北地区,面积约 1005.72 km²,占县域面积 33.55%,集中在东北部檬子乡、英萃镇、正源乡,西北部的万家乡、盐河

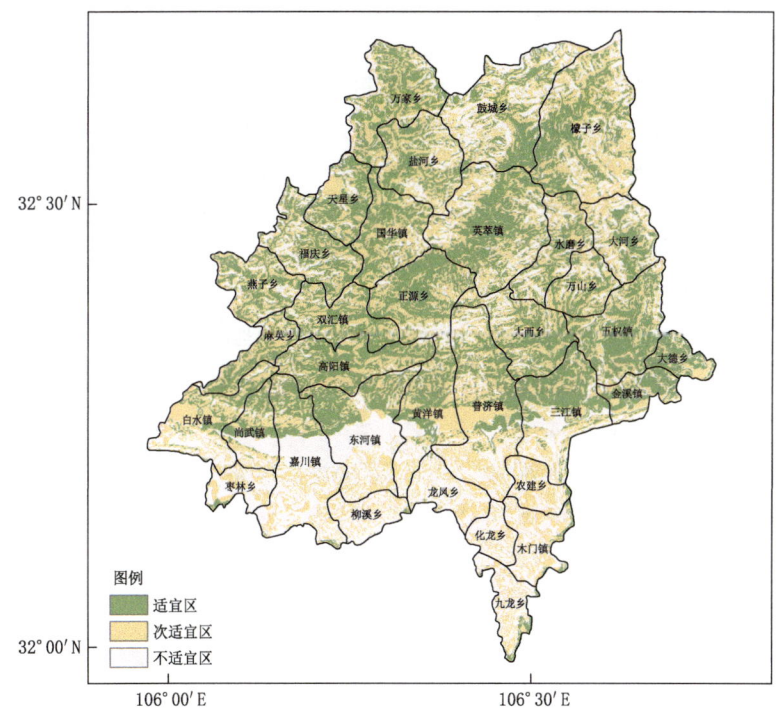

图 4.17 旺苍县春茶种植生态适宜性区划分布图

乡、国华镇、高阳镇及东部五权镇、大德乡等海拔 500～900 m 地区,该区域坡度多在 3～15 ℃,水热适宜,年≥10 ℃ 积温在 4000 ℃·d 以上,1 月年平均最低气温＞2 ℃,年日照百分率＜40%,气候、地形符合"高山云雾出好茶"的条件,同时土壤偏酸性,利于出产高品质春茶。次适宜区域面积约 1227.66 km²,占县域面积 41.10%,分布在春茶种植适宜区四周海拔约 900～1200 m 的山区及槽谷地带以南大部区域。其中槽谷地带以北次适宜区年≥10 ℃ 积温在 3500～4000 ℃·d,1 月平均低温在 0～2 ℃,热量较适宜区偏低且易受低温影响,地形方面此区域坡度在 15°～25°,温度变化快且不利于水土保持;槽谷地带以南次适宜区主要限制因子为土壤 pH,这部分区域可通过改良土壤提高春茶种植适宜度。不适宜区面积占全县的 25.23%,约 753.62 km²,分布于旺苍县槽谷地带以南海拔高度低于 500 m 区域及槽谷地带以北海拔 1200 m 以上高山区,其中南部不适宜区主要集中在枣林乡、嘉川镇、东河镇等,这部分区域地势平坦不利于排水,土壤偏碱性,不适宜春茶种植,北部春茶种植不适宜区则是受限于不充足的热量条件。对旺苍县各乡镇春茶种植进行适宜性分析(表 4.16)可得,适宜区所占比例最大的乡镇分别为大德乡、五权镇及高阳镇,其适宜区比例分别为 63.96%、59.12% 及 52.57%,不适宜区仅为 3.27%、4.86%、6.49%。

表 4.16 旺苍县各乡镇春茶生产生态适宜性的比例(%)

乡镇	适宜	次适宜	不适宜	乡镇	适宜	次适宜	不适宜
万家乡	43.39	43.76	12.85	黄洋镇	28.65	48.25	23.10
天星乡	49.77	41.65	8.58	普济镇	29.39	44.44	26.17
盐河乡	31.15	49.18	19.67	三江镇	44.96	32.81	22.23
鼓城乡	32.02	39.84	28.14	金溪镇	50.15	35.88	13.97
檬子乡	33.20	49.01	17.79	大德乡	63.96	32.77	3.27
国华镇	44.12	46.45	9.43	白水镇	22.96	52.23	24.81
英萃镇	44.63	39.39	15.98	尚武镇	31.54	33.50	34.96
水磨乡	33.97	45.57	20.46	嘉川镇	27.42	22.43	50.15

续表

乡镇	适宜	次适宜	不适宜	乡镇	适宜	次适宜	不适宜
大河乡	41.98	37.07	20.95	东河镇	25.22	29.24	45.54
福庆乡	41.88	42.67	15.45	枣林乡	0.14	35.65	64.21
燕子乡	37.38	45.32	17.30	张华镇	0.00	31.55	68.45
双汇镇	46.47	46.53	7.00	柳溪乡	0.00	31.12	68.88
正源乡	36.21	37.02	26.77	龙凤乡	0.02	37.27	62.71
大两乡	45.45	43.08	11.47	化龙乡	0.00	34.94	65.06
万山乡	34.59	47.34	18.07	农建乡	1.32	52.26	46.42
五权镇	59.12	36.02	4.86	木门镇	0.00	41.58	58.42
麻英乡	43.29	47.56	9.15	九龙乡	0.00	33.14	66.86
高阳镇	52.57	40.94	6.49				

第5章 旺苍县农业气象关联系统数据平台建设

5.1 功能概述

根据农业气候资源、灾害时空分布特征和主要农作物气候适应性研究,结合农业技术专业知识构建了线上农业气象关联系统数据平台,该平台主要展示了旺苍县主要作物农业气象服务指标体系,选出了适宜当地推广种植的农作物优良品种,同时实现了用户双向多维查询功能。目前平台已实现主要作物农业气象服务指标在线查询,并建立了旺苍县六大产业品种资源和关联专家信息两大数据库。

5.2 建设内容

"旺苍县农业气象关联系统数据平台"共设置了7个栏目,即"走进旺苍""旺苍农业""旺苍气候""气象指标""风险评估""适应性分布""产业资源"。各栏目建设情况如下。

走进旺苍——展示旺苍县的地理位置、地形地貌、行政区划、自然资源状况等(图5.1)。

旺苍农业——一是介绍旺苍县农业生产概况和现代农业发展现状;二是介绍水稻、玉米、油菜、春茶、核桃、猕猴桃等主导优势特色产业在旺苍县的发展现状(图5.2)。

第 5 章　旺苍县农业气象关联系统数据平台建设

图 5.1　旺苍县农业气象关联系统数据平台——走进旺苍

图 5.2　旺苍县农业气象关联系统数据平台——旺苍农业

旺苍气候——介绍了旺苍县的气候与农业气象概况,并以图片的形式分别直观地展示旺苍县农业气候资源变化特征和主要气象灾害时空分布特征(图5.3)。

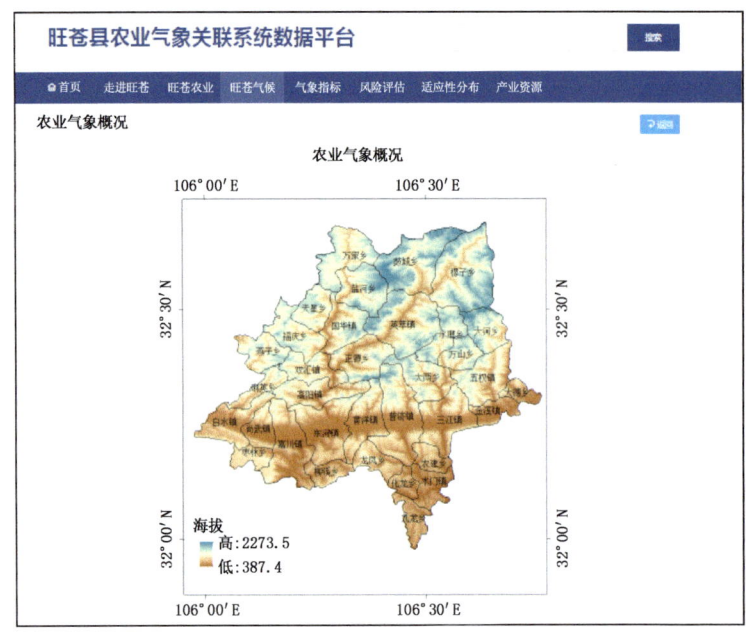

图5.3 旺苍县农业气象关联系统数据平台——旺苍气候

第5章 旺苍县农业气象关联系统数据平台建设

气象指标——构建了水稻、油菜、春茶、核桃、红心猕猴桃等旺苍县主要农作物在不同生育期的对应气象服务指标体系,包括有利气象条件、不利气象条件及相应的对策建议等内容。设置了限定条件检索栏,实现对应信息自动匹配功能,可查询不同农作物在不同生育期的有利气象条件、不利气象条件及相应的对策建议等(图5.4)。

图5.4 旺苍县农业气象关联系统数据平台——气象指标

风险评估——以水稻、玉米为例,重点展示了其农业气象灾害综合风险评估情况和不同生育期的单灾种风险评估情况(图5.5)。

图 5.5 旺苍县农业气象关联系统数据平台——风险评估

第 5 章　旺苍县农业气象关联系统数据平台建设

适应性分布(图 5.6)——以水稻、红心猕猴桃为例,重点展示了气候、地形、土壤、生态等单要素气候适宜性分布情况和基于 GIS 平台的精细化综合区划情况。

图 5.6　旺苍县农业气象关联系统数据平台——适应性分布

产业资源——以水稻、玉米、油菜、春茶、核桃和红心猕猴桃六大产业为旺苍县的主导优势特色产业,构建了品种资源和专家信息两大数据库(图 5.7)。

品种资源数据库:重点展示适宜在旺苍县种植的六大产业品种资源,信息包括品种来源、特征特性、产量表现等。

专家信息数据库:重点展示省内外在水稻、玉米、油菜、春茶、核桃和红心猕猴桃六个产业领域较权威的专家的相关信息。

同时,设置限定条件检索栏,实现两大数据库之间对应信息的自动匹配、自动关联及双向查询功能。

图 5.7　旺苍县农业气象关联系统数据平台——产业资源

5.3　应用推广情况

为充分发挥气象为农业生产服务的职能和作用,指导地方特色产业发展,助力精准脱贫,委托旺苍县气象局正式启用"旺苍县农业气象关联系统数据平台",面向全县开展平台应用推广,推广范围覆盖了县级部门 100 个、乡镇街道 38 个、卫生学校 8 个、企业 16 个。同时，组织培训进行大力宣传，系统介绍了旺苍县农业生产概况、农业气象概况、农业气候资源变化特征、气象灾害时空分布特征、农业主导产业（水稻、油菜、春茶、核桃、红心猕猴桃）及其气象指标、旺苍县六大产业（水稻、玉米、油菜、春茶、核桃、红心猕猴桃）品种资源和专家库等功能板块的内容及查询方法，重点介绍了如何通过产业品种资源信息关联专家信息，以及运用气象数据指导农业生产产前的科学安排和产中的应急措施，从而降低自然风险带来的经济与人力损失，兴利避害。

第6章 结论与讨论

6.1 旺苍县农业气候资源及气象灾害时空特征分析

基于1981—2018年旺苍县及周边共计16个站点的观测资料,利用GIS技术,分析了旺苍县农业气候资源以及主要气象灾害的时空分布特征,得出结论如下。

(1)对旺苍县38年平均气温≥10 ℃的初终日期、持续天数和生长期积温、降水、日照的时间变化趋势和空间分布分析结果表明,旺苍县稳定通过10 ℃的天数呈上升趋势,年平均稳定通过10 ℃的天数为253 d,一般是3月10日到11月17日;生长期积温气候倾向率最大,为150.31 (℃·d)/10a,年均5237℃·d;生长期降水呈下降趋势,年均1137 mm;生长期日照呈微弱上升趋势,年均1018 h。从空间分布来看,稳定通过10 ℃的天数以及生长期的积温、日照分布都呈南多北少特征,而降水则呈北多南少特征。

(2)旺苍县1981—2018年的干旱频次呈下降趋势,春旱、夏旱频次都有明显的东西差异,伏旱主要是在旺苍南部频发,夏旱的发生频次最高,平均为11次/10a,伏旱发生频次最低,平均为8次/10a,春旱平均为9次/10a。

(3)旺苍县的暴雨频次随暴雨等级的升高而逐渐减少,一级暴雨发生频次最多,为6次/10a,五级暴雨发生频次最少,为0.6次/10a。二级暴雨、三级暴雨和四级暴雨发生频次分别为3次/10a、1.5次/10a和1次/10a。各级暴雨的空间分布均呈北高南低特征,暴雨发生频次的高值区主要集中在白水镇、燕子乡等地。

(4)旺苍县38年秋绵雨发生频次呈下降趋势,倾向率为－0.172次/10a,平均为8次/10a,21世纪以来出现秋绵雨的频次变化较平稳,没有出现一年多发的情况。空间分布特征为北高南低,秋绵雨发生频次的高值区(7.8～8.2次/10a)主要分布在白水镇、燕子乡。

以往的研究大多采用全年气象观测数据进行统计分析,对于旺苍县农业气候资源分析采用作物生长期的气象观测数据,相较于以往的研究,分析得到的农业气候资源时空分布结果与作物实际生长过程更加贴合。干旱则根据发生时间不同分为春旱、夏旱和伏旱3类,将3类干旱单独分析、相互比较得到干旱主要发生时间段。暴雨根据持续降水过程的时间不同将降水过程划分为一级暴雨、二级暴雨、三级暴雨、四级暴雨和五级暴雨5个等级,使得分析结果更加直观。本研究不足之处在于未使用Mann-Kendall检验法对农业气候资源和气象灾害进行突变检验,也未将相关气候因子与气象灾害进行相关性分析,后续可对以上方面进一步研究,以期为旺苍县提高农业防灾减灾能力及优化农业气候资源提供参考依据。

6.2　旺苍县水稻气象灾害风险评估

基于自然灾害风险评估原理,综合考虑水稻生产所需自然环境、旺苍县地理地貌特征复杂性、水稻产量变异、种植面积以及当地防灾减灾能力等相关信息,利用GIS技术分别对水稻主要气象灾害进行评估,通过层次分析法和多指标综合评价法构建水稻气象灾害风险评估体系,并对其进行综合风险评估,完成对旺苍县水稻综合气象灾害风险评估。

气象灾害风险评估是致灾因子、承灾体、孕灾环境和防灾减灾能力等因子相互作用下的综合评价的结果。研究可知,旺苍县对水稻种植影响较大的致灾因子主要有低温冷害、连阴雨、暴雨以及高温,主要发生在水稻抽穗至乳熟阶段,其中灌浆期低温冷害和抽穗期连阴雨对水稻产量影响最大,暴雨、高温对水稻影响主要发生在抽穗期,且高温对旺苍县水稻生产影响最小。孕灾环境对灾害风险也影响较大,旺苍县以山地为主,地势北高南缓,腹部低平,复杂山地下的孕灾环境对不同灾种的影响存在差异,高海拔、阴面山坡对低温冷害有促进作用,地势陡峭、海拔高地区则有利于暴雨、连阴雨等灾害的发生。承灾体暴露性和脆弱性的大小可以用来表征孕灾环境对水稻气象灾害的促进或延缓作用,旺苍县南部乡镇地势平缓,属农业重点发展区,水稻种植面积较大,水稻暴露性较高,脆弱性较小,东北部乡镇海拔较高地势险峻,是生态重点保护区,水稻种植面积少,产量变异程度较大,脆弱性较高但暴露性较小。防灾减灾能力是区域范围内政策、人力、物力、生产力水平等多种因素综合作用下的结果。东河、嘉川等西南乡镇是旺苍县经济发展的核心地区,经济水平高,综合防灾减灾能力强,东北部乡镇经济较薄弱,综合防灾减灾能力弱。分析水稻单灾种气象灾害风险分布情况可知,除抽穗期连阴雨呈东高西低外,其余灾害均表现为西高东低的空间特征,这与致灾因子的分布具有较强的一致性,致灾因子是水稻灾害风险评估中最重要的因子,承灾体暴露性、孕灾环境敏感性对灾害风险也影响较大,承灾体脆弱性和防灾减灾能力影响程度最小。

综合分析旺苍水稻六种农业气象灾害,通过多指标综合评价法分析其综合气象灾害风险可知,水稻综合气象灾害风险分布受单灾种灾害风险分布影响,但不完全一致,旺苍县水稻灾害风险呈现西南高东北低的分布,这与抽穗期高温、抽穗期暴雨、灌浆期连阴雨、灌浆期低温冷害以及乳熟期低温冷害的风险分布类似,但综合气象灾害风险分布较单灾种风险分布层次较分明。次高、高风险地区大多分布在西南乡镇,主要由致灾因子危险性高和承灾体暴露性高导致,应不断提高农业发展水平,选育抗性强的水稻品种,提高抵御风险能力,中风险地区大多在旺苍中部地区,应加强水稻种植管理,改进种植方式,东北部乡镇水稻综合风险等级低,但地势较高,地形复杂,孕灾环境较为敏感,且防灾减灾能力较弱,也应加以重视。通过分析不同生育期灾害风险分布,进而对旺苍县水稻进行精细化的综合气象灾害风险评估,为旺苍县水稻栽培种植以及防灾减灾提供科学的理论支撑。此外依据气象数据和统计年鉴数据对旺苍县水稻进行气象灾害风险评估,还可结合历史灾情数据对其开展进一步研究。

6.3 旺苍县玉米气象灾害风险评估

利用1981—2012年旺苍县及周边地区共8个站点的气象资料以及玉米生育期和产量资料,基于气象灾害风险评估原理,综合考虑玉米生长发育所需要的气象条件和旺苍县独特的地形等信息,并结合专家打分法和层次分析法以及多指标综合评价法,构建旺苍县玉米气象灾害综合风险评估体系,利用GIS平台实现空间分析,最后得出如下结论。

(1)综合考虑旺苍县玉米生育期可能受到的农业气象灾害和所处的地理环境,经分析统计,将花期暴雨、灌浆期连阴雨、成熟期高温、成熟期暴雨和孕穗期干旱确定为影响旺苍县玉米生产的农业气象灾害指标,分析其气象致灾因子风险性,综合孕灾环境敏感性以及承灾体脆弱性共同进行旺苍县玉米农业气象灾害风险评估。

(2)通过GIS技术,得到旺苍县玉米气象灾害风险分布图。综合来看,旺苍县玉米农业气象灾害风险性分布大致呈西南—东北走向,从西南向东北部递减。从整体看,气象致灾因子风险性是旺苍县玉米气象灾害综合风险评估体系中最重要的因子,其中又以孕穗期干旱以及灌浆期连阴雨、成熟期高温对玉米的生产影响最大;成熟期暴雨和花期暴雨对玉米的影响也比较小。从不同的气象灾害分布情况来看,玉米气象灾害高风险和较高风险区约占旺苍县面积的2/3,高值区主要位于柳溪乡、嘉川镇、东河镇一带,基本上与孕穗期干旱、成熟期暴雨、成熟期高温、花期暴雨的高风险区一致,也与承灾体脆弱性的高值区一致,且此区坡度高、海拔低,易受高温和干旱影响。

(3)风险分析结果综合反映了旺苍县玉米全生育期不同农业气象灾害的空间分布情况,有助于更加准确地认识生育期气象灾害发生规律,更加科学有效和因地制宜地采取防灾减灾的措施。

6.4 旺苍县水稻适宜性区划

水稻是旺苍县主要粮食作物,通过对旺苍县水稻多年气象产量及关键生育期气象要素进行相关性分析,结合主成分分析选取水稻拔节—孕穗期最高气温、拔节—孕穗期日照时数、抽穗—成熟期降水量及抽穗—成熟期雨日数共4个气象因子作为水稻种植区划气象指标,并建立气象要素空间推算模型。综合考虑气象因子、地形因子及土壤类型,通过层次分析法确定各要素权重,基于GIS加权指数求和法及自然断点法开展旺苍县水稻种植区划研究。区划结果显示,水稻种植适宜区、次适宜区、不适宜区面积分别占旺苍县面积的33.96%、40.34%和25.70%,适宜区主要分布于东西向槽谷带及东北—西南向分布的正源乡、英萃镇、檬子乡部分地区,可利用这部分区域气候资源、地形资源及土壤资源优势,提高水稻生产种植水平,发展水稻现代化生产。次适宜区分布于旺苍县槽谷带周边区域及西北—东南向万家乡、盐河乡、天星乡、国华镇、双汇镇等部分地区。该区域水稻生产较适宜区不稳定,地形地势及土壤类型是主要限制因子,可通过土壤改良提升生产力,但不适于大面积产业化水稻种植。不适宜区主要位于万家乡、天星乡、福庆乡、燕子乡、盐河乡、国华镇、鼓城乡、檬子乡、大河乡、水磨乡、英萃镇、正源乡等部分海拔较高区域。该区域热量条件差,地势较陡,农事活动开展不利,不利于水稻产业发展。

通过开展旺苍县水稻种植区划研究,为旺苍县水稻生产布局提供参考建议。研究选取区划指标包括影响水稻生产的气候、地形及土壤三大要素,较以往主要针对气候因子开展的区划研究更科学精细。同时,指标等级划分以县一级单位为基础,结合当地实际情况,相较于省市一级的区划研究更有针对性。研究依托GIS平台,对水稻生产区域进行分区讨论,为旺苍县水稻农业生产规划提供参考,有助于种植区域合理安排,提高经济效益。

在研究中,地形及土壤指标等级划分主要参考前人研究,后期还需要结合旺苍县实际生产情况不断调整修改。同时,旺苍土壤类型数据年代较早且只考虑了土壤 pH,土壤质地、土壤肥力及土地利用类型等未加考虑,有待今后进一步补充完善。

6.5　旺苍县红心猕猴桃适宜性区划

基于 GIS 技术,结合旺苍县及其周边站点 1971—2017 年的气象数据和旺苍县地形、土壤数据,利用红心猕猴桃生态适宜性区划指标结合各因子权重,建立旺苍县红心猕猴桃生态适宜性区划模型,通过生态适宜性区划分析,得出结论如下。

(1)旺苍县受特殊地理和气候条件影响,县域内各区域,红心猕猴桃种植生态适宜性差异较大。

(2)从气温上看,旺苍县大部地区的气温条件能够满足红心猕猴桃生长发育需求,但北部盐河乡、鼓城乡、大河乡、檬子乡的部分高海拔地区气温较低,容易影响红心猕猴桃品质,不适合种植;气温条件匹配较好的地区主要集中在旺苍县东西向槽谷地区和山区,以及北部西河、东河的河谷地区。旺苍县大部地区降水能够满足红心猕猴桃全生育期的需要,但白水镇、尚武镇、嘉川镇、东河镇、黄洋镇　线降水较少,对猕猴桃生长发育不利。日照是影响猕猴桃果实品质的一个关键因素,盐河乡、鼓城乡、大河乡等少数地区日照明显不足,会影响果实口感,东西向槽谷地区以及化龙乡、木门镇、九龙乡等地日照充足,有利于果实糖分积累,提升品质。从积温条件上看,年均≥10 ℃积温分布以槽谷地区和南部低海拔地区积温最高,有利于红心猕猴桃的生长发育,北部大部分山区积温较低,为红心猕猴桃种植不适宜区域。综合各气象因素可以看出,旺苍县红心猕猴桃种植气候适宜性,适宜区集中在旺苍县东南部和南部乡镇,北部河谷地区也有分布,不适宜区集中在旺苍县北部和东西向槽谷地区西侧,其余地区为次适宜区。

(3)旺苍县红心猕猴桃种植土壤适宜性,东北部沙壤土 pH 在 5.5～

6.5，最适合红心猕猴桃生长发育，东西向槽谷地区大部土壤 pH 在 7.5 左右，属于次适宜地区，其他地区 pH 过高或过低，属于不适宜区。

（4）旺苍县红心猕猴桃种植地形适宜性，主要考虑因素为坡度和坡向，东南向的缓坡最适宜红心猕猴桃生长发育，此类地形集中分布在旺苍县南部和东西向槽谷地区的农建乡、五权镇、化龙乡等地；次适宜区分布较广，集中在东西向槽谷地区西侧；其他地区为不适宜区。

（5）综合考虑气象、土壤、地形的影响后，得出旺苍县种植红心猕猴桃生态适宜性区划，适宜区位于旺苍县东北部东河河谷沿线（檬子乡、英萃镇、正源乡），东西向槽谷地区的东侧，以及南部农建乡、化龙乡等地区，而次适宜区面积较大，主要集中在旺苍县南部适宜区周围。不适宜区主要位于旺苍县北部大部分高海拔山区。

在以往生态适宜性区划或农业气候区划等研究中，研究区域越大（地区级或省级），气象观测站点越多，历史观测资料越详实，越适宜采用聚类分析法（王连喜 等，2010）、模糊数学法等定量数理方法进行区划。与重叠法和指示法等定性研究方法相比，其区划成果精度更高，指导农业生产效果更好（王连喜 等，2010；许仲林 等，2015）。如乔丽等（2009）采用聚类分析法，将陕西省划分为 8 个生态农业干旱相似区分析得到空间分布结果；高永刚等（2007）利用 WOFOST 模型，采用动态聚类分析法，得到黑龙江省马铃薯 9 大区域气候生产力；李作为等（2014）利用栅格划分法得到修文县猕猴桃生长适宜区划。四川受特殊气候条件和地理条件影响，各类气候要素时空分布不均特征明显，导致"一乡一品、一县一业"现象突出。如红心猕猴桃在川内经多年推广，仍分散分布在苍溪、旺苍、蒲江、都江堰、什邡等县（市）。开展县级、乡镇级精细化区划，符合这些地区农业企业、专合组织、种植大户等对象需求，对红心猕猴桃生产指导意义更好。县级和以下级别行政区，气象观测站点稀少，旺苍县作为国家级贫困县，县域内和周边仅有 24 个自动气象站，采用聚类分析法易导致区划结果与实际偏离过大。指标分级法（张素燕，2014）虽具有分级标准机械的缺点，但对县级分析对象已足够，且本研究通过查阅研究资料、走访当地农技人员与气象专家，对指

第6章 结论与讨论

标进行不断修订,提高精度,区划结果与实际情况对比后也验证了这一点。因此,在区划区域较小、数据资料来源有限时,结合当地实际选用指标和区划方法,有利于提高区划科学性和准确性。

  某种作物是否适合在某地种植,其实际影响因素众多,如气候、地貌、土壤、植被、水系、交通、人口、化肥、城镇化水平等,这些因素之间也存在相互影响和相互作用。屈振江等(2017)结合最大熵(MaxEnt)模型针对中国主栽猕猴桃品种开展气候适宜性区划,得出我国猕猴桃种植气候适宜区面积序列,其中陕西省仅列第七,但实际上,陕西是全国最大猕猴桃生产基地(屈振江 等,2014);莫建国等(2016)应用经验正交函数分解法和模糊聚类法对贵州山区红心猕猴桃进行气候区划,得出贵州西南部大部地区为红心猕猴桃气候最适宜区,但实际上贵州红心猕猴桃种植集中在水城及周边区域,其面积远小于区划最适宜区;吴丹等(2015)针对水城和苍溪猕猴桃种植区气候条件进行相似性分析,得出水城气候适宜性更好的结论,但实际上苍溪红心猕猴桃产量较水城更高。研究过程中发现,旺苍县东西向槽谷地区土质较好,土壤 pH 适宜红心猕猴桃生长,地形平缓,有利于水土保持和人类活动,且高速公路在此区域规划建设,人口优势和交通优势反哺带动沿线乡镇红心猕猴桃产业迅速发展。从生态角度入手,选取气候、土壤、地形 3 种生态因素进行分析,最大限度考虑了客观自然条件的影响,且结合 GIS 技术,形成了可视化的区划图,相较于以往的红心猕猴桃适宜性区划研究考虑区划因素更为全面,分析结果更详细、直观,与实际情况吻合度高,能够为当地政府、决策部门和企业规划管理红心猕猴桃产业发展提供有价值的参考。

  近年来气候变化加剧,对农业生态系统影响很大,范泽孟等(2011)、潘根兴等(2011)、刘彦随等(2010)、柳晶等(2007)、杨小利等(2010)、邓浩亮等(2015)针对气候变化的趋势以及气候变化对我国农业气象资源、生物环境和生态系统的影响进行了研究,指出区域性干旱将成为未来农业生产的严重挑战。在研究过程中发现,旺苍县受山区地形制约,灌溉条件有限,红心猕猴桃产量与品质对降水量响应敏感。

下一步工作中,准备通过野外样方数据采集,利用手持 GPS 进行精确定位和数据采集,结合遥感手段作面积提取,开展红心猕猴桃生态适宜性区划时间演变分析,并进行更精确的结果验证。

6.6　旺苍县春茶适宜性区划

作为经济发展、脱贫攻坚重要的一环,旺苍县春茶产业潜力巨大。通过采取"公司＋专业合作社＋基地＋农户""公司＋基地＋农户"等多种模式,旺苍县正积极推动春茶产业发展,预计 2021 年将发展茶园面积 14667 hm^2,春茶产量达 7500 t,综合产值 36 亿元以上。通过开展旺苍县春茶生产适宜性区划可为其发展规划提供参考,助力提升区域品牌影响力提升。

研究综合考虑了气候、地形、土壤 3 个因子对春茶生产的影响,基于层次分析法和加权指数求法,构建旺苍县春茶生产生态适宜性评价指标,并依托 GIS 自然断点法进行种植分区。在农业气候区划研究中,区域越大,则气象观测站点越多,观测资料越详实,在开展县级、乡镇级精细化区划时,气象观测站点相对较少,为更好满足县一级区划要求,研究结合数理统计及空间插值法建立旺苍县气候指标空间分析模型,提高研究精度。旺苍县自然资源丰富,春茶种植适宜区主要位于东西向槽谷地以北区域,次适宜区不同区域限制因子不同,北部主要受相对不充足的热量条件限制,南部地区主要受土壤酸碱度限制。当前旺苍县旨在将高阳镇打造为茶产业第一强镇,结合木门镇、五权镇、枣林乡形成四大春茶生产集中示范区,以示范带动全县春茶产业发展。研究指出,大德乡、五权镇及高阳镇春茶种植适宜区所占比例大,这与研究结果较吻合,对于枣林乡、木门镇等实际种植情况与区划结果有所差异,则主要考虑其限制因子为土壤因子,可通过土壤改良进行调节,并且当地农业部门在规划统筹时需考虑到交通运输和其他产业发展等因素。

研究主要着眼于春茶优质高产对自然环境的要求,但实际生产中所需考虑的影响因素众多,下一步可结合当地交通、人口、政策等进行多角度探讨。此外,研究在对区划结果验证中可用验证数据少,结果可能存在偏差,后期可通过实地样方数据采集,结合遥感手段,进行更精确的结果验证。当前旺苍县茶叶生产主要以春茶为基础并积极发展夏秋茶,后期可结合夏秋茶生产特点,为茶叶周年生产提供参考建议。

参考文献

陈婵婵,肖斌,余有本,等,2009.陕南茶园土壤有机质和 pH 值空间变异及其与速效养分的相关性[J].西北农林科技大学学报(自然科学版),37(1):182-188.

陈家金,林晶,李丽纯,等,2010.暴雨灾害对福建水稻产量影响的灾损评估方法[J].中国农业气象,31(增 1):132-136.

陈家金,王加义,李丽纯,等,2012.影响福建省龙眼产量的多灾种综合风险评估[J].应用生态学报,23(3):819-826.

成兆金,郑美琴,2008.农业气象业务系统开发及应用[C].全国农业气象学术年会,530-533.

程乾生,1997.层次分析法 AHP 和属性层次模型 AHM[J].系统工程理论与实践,17(11):25-28.

池再香,肖艳林,李贵琼,等,2016.贵州红心猕猴桃气候区划指标体系研究[J].贵州气象,40(3):1-5.

崔培阳,2017.基于 GIS 和标准化理论的陕南猕猴桃适宜性评价及其区划研究[D].杨凌:西北农林科技大学.

戴声佩,李海亮,罗红霞,等,2014.1960—2011 年华南地区界限温度 10 ℃积温时空变化分析[J].地理学报,69(5):650-660.

邓浩亮,周宏,张恒嘉,等,2015.气候变化下黄土高原耕作系统演变与适应性管理[J].中国农业气象,36(4):393-405.

董满宇,吴正方,2008.近 50 年来东北地区气温变化时空特征分析[J].资源科学,30(7):1093-1099.

范泽孟,岳天祥,陈传法,等,2011.中国气温与降水的时空变化趋势分析[J].地球信息科学学报,13(4):526-533.

房世波,2011.分离趋势产量和气候产量的方法探讨[J].自然灾害学报,20(6):13-18.

冯秀藻,陶炳炎,1991.农业气象学原理[M].北京:气象出版社.

高永刚,那济海,顾红,等,2007.黑龙江省马铃薯气候生产力特征及区划[J].中国农业气象,28(3):275-280.

郭建茂,谢晓燕,吴越,等,2017.安徽省一季稻产量灾损风险评价[J].中国农业气象,38(8):488-495.

郭晓梅,袁淑杰,王劲松,等,2017.四川春玉米气象干旱致灾因子风险性[J].兰州大学学报(自然科学版)(01):83-91.

何燕,王斌,江立庚,等,2013.基于GIS的广西水稻种植布局精细化气候区划[J].中国水稻科学,27(6):658-664.

黄伟娇,2011.基于GIS的杭州市特色经济作物土地适宜性评价[D].福州:福建农林大学.

蒋啸,周旭,张继,等,2019.1961—2015年贵州高原≥10 ℃积温时空变化特征[J].地球与环境,47(2):121-130.

金志凤,邓睿,黄敬峰,2008.基于GIS的浙江杨梅种植区划[J].农业工程学报,24(8):214-218.

金志凤,叶建刚,杨再强,等,2014.浙江省春茶生长的气候适宜性[J].应用生态学报,25(4):967-973.

孔坚文,2012.陕西省冬小麦气象灾害风险评估及区划[D].南京:南京信息工程大学.

李百云,刘旭峰,金会翠,等,2008.陕西眉县部分猕猴桃园土壤主要养分状况分析[J].西北农业学报,40(3):215-218.

李超,饶勇,陈静,等,2005.黔油18号生态适应性分析[J].耕作与栽培(3):41-42.

李国奇,钱峰,2001.太行山区不同地形因子作用下对造林树种的选择[J].河南林业科技,21(4):47-48.

李静,袁继超,蔡光泽,2013.海拔对水稻产量和品质的影响研究进展[J].中国农学通报,29(24):1-4.

李沁东,刘云丰,揭剑华,2018.四川玉米产区水分条件的初步分析[J].农业与技术,38(14):9-12.

李作为,杨迤然,胡伟,等,2014.基于GIS下的修文县猕猴桃产业布局规划研究[J].山地农业生物学报,33(1):45-48.

廖万有,1998.我国茶园土壤的酸化及其防治[J].农业环境保护,17(4):178-180.

林秀香,2014.气象条件对春茶种植的影响与防治措施研究[J].绿色科技(5):74-75.

蔺万煌,孙福增,彭克勤,等,1997.洪涝胁迫对水稻产量及产量构成因素的影响

[J].湖南农业大学学报,23(1):50-54.

刘国成,杨长保,刘万崧,等,2007.基于模糊数学的农业气候适宜度划分研究及应用[J].吉林农业大学学报,29(4):460-463.

刘彦随,刘玉,郭丽英,2010.气候变化对中国农业生产的影响及应对策略[J].中国生态农业学报,18(4):905-910.

刘运通,胡江碧,2001.模糊评判的数学模型及其参数估计[J].北京工业大学学报(1):112-115.

柳晶,郑有飞,赵国强,等,2007.郑州植物物候对气候变化的响应[J].生态学报,27(4):1471-1479.

鲁巨,李效珍,梁丽珍,等,2009.大同地区谷子气候生态适应性分析[J].山西气象(86):28-31.

陆魁东,彭莉莉,黄晚华,等,2013.气候变化背景下湖南油菜气象灾害风险评估[J].中国农业气象,34(2):191-196.

罗培,2007.基于GIS的重庆市干旱灾害风险评估与区划[J].中国农业气象,28(1):100-104.

莫建国,池再香,汤苾,等,2016.贵州山区红心猕猴桃种植气候区划[J].中国农业气象,37(2):36-42.

潘根兴,高民,胡国华,等,2011.气候变化对中国农业生产的影响[J].农业环境科学学报,30(9):1698-1706.

蒲金涌,姚晓英,王位泰,等,2002.陇东地区黄花菜的气候适应性分析及其种植分区[J].中国蔬菜(6):20-22.

齐永胜,俞发民,王晖,2010.贵溪雷竹生长的气候适应性分析[J].安徽农学通报,16(5):197-198.

乔丽,杜继稳,江志红,等,2009.陕西省生态农业干旱区划研究[J].干旱区地理,32(1):112-118.

屈振江,柏秦凤,梁轶,等,2014.气候变化对陕西猕猴桃主要气象灾害风险的影响预估[J].果树学报,33(5):873-878.

屈振江,周广胜,2017.中国主栽猕猴桃品种的气候适宜性区划[J].中国农业气象,38(4):257-266.

申锦程,2018.信阳春茶生长气象条件影响分析[J].陕西农业科学,64(11):82-85.

史培军,1996.再论灾害研究的理论与实践[J].自然灾害学报,11(4):6-17.

史同广,2007.基于GIS的山东茶园土地评价技术方法研究[D].郑州:解放军信息工程大学.

孙怡,2016.滁州市春茶生产的气候条件分析[J].现代农业科技(23):204-209.

谭亚玲,洪汝科,陈金凤,等,2009.海拔高度对不同水稻品种生长的影响研究[J].种子,28(7):27-30.

唐成平,杨玲,刘英,2011.珍稀树种山毛榉人工培育生长调查分析[J].四川林勘设计(4):57-59.

童英华,冯忠岭,张占莹,2020.基于AHP的雾霾影响因素评价分析[J].西南师范大学学报(自然科学版),45(3):87-94.

汪春园,荣光明,1996.春茶品质与海拔高度及其生态因子的关系[J].生态学杂志,15(1):57-60.

王春乙,2007.重大农业气象灾害研究进展[M].北京:气象出版社.

王春乙,姚蓬娟,张继权,等,2016.长江中下游地区双季早稻低温冷害、热害综合风险评价[J].中国农业科学,49(13):2469-2483.

王丹丹,邱新法,曾燕,等,2018.基于分布式模型模拟的春茶种植适宜性区划[J].气象科学,38(1):121-129.

王娇,王洁,强爱玲,等,2015.北方不同气候条件对稻米品质性状的影响[J].中国稻米,21(6):13-18.

王连喜,陈怀亮,李琪,等,2010.农业气候区划方法研究进展[J].中国农业气象,31(2):277-281.

王明田,2012.气候变化背景下四川农业季节性干旱的发展趋势及应对措施[D].成都:四川农业大学.

王泰伦,李继由,虞孝感,1984.滇西北高寒坝区生态环境对水稻生育及产量结构的地区效应[J].南京农业大学学报,7(3):125-128.

王莹,张晓月,焦敏,等,2016.基于GIS的辽宁省大豆种植气候区划[J].贵州农业科学,44(11):163-166.

王昭,2018.D县杂交水稻制种基地选址适宜性评价研究[D].西安:西安建筑科技大学.

王治海,金志凤,杨栋,等,2016.基于Arc Engine的茶叶生产气象服务业务系统的设计与实现[J].中国农学通报,32(21):185-193.

吴丹,张锦,古书鸿,等,2015.贵州水城县与四川苍溪县红阳猕猴桃种植的气候相似性分析[J].贵州气象,39(3):35-38.

吴燕辉,周勇,2008.土地利用规划中的土地适宜性评价[J].农业系统科学与综合研究(2):232-235,242.

夏恒,王晓峰,2013.水城红心猕猴桃的气候适应性分析[J].贵州气象,37(01):34-36.

解华云,刘慧,劳家喜,等,2015.钦州市火龙果种植的气候适应性分析[J].农业科技通讯(4):283-285.

许仲林,彭焕华,彭守璋,2015.物种分布模型的发展及评价方法[J].生态学报,35(2):557-567.

薛昌颖,霍治国,李世奎,等,2003.华北北部冬小麦干旱和产量灾损的风险评估[J].自然灾害学报,12(1):131-139.

薛晓萍,马俊,李鸿怡,2012.基于GIS的乡镇洪涝灾害风险评估与区划技术——以山东省淄博市临淄区为例[J].灾害学,27(4):71-74.

杨利霞,孟茹,王楚,等,2015.汉中茶区与国内名茶产区农业气候相似性研究[J].陕西农业科学,61(11):55-58.

杨小利,江广胜,2010.陇东黄土高原典型站苹果生长对气候变化的响应[J].中国农业气象,31(1):74-77.

杨亚军,2005.中国春茶栽培学[M].上海:上海科学技术出版社.

姚志国,王勤,黄明德,等,2011.四川省广元市农业干旱风险评估区划及管理对策[J].安徽农业科学,39(27):16641-16643.

易亚科,周志波,陈光辉,2017.土壤酸碱度对水稻生长及稻米镉含量的影响[J].农业环境科学学报,36(3):428-436.

岳云,顾志红,2014.玉米的气候适应性及产量形成的影响因素[J].现代农业科技(12):252-260.

张红,黄勇,刘慧娟,2012.安徽省近30年气候变化的空间特征[J].生态环境学报,21(12):1935-1942.

张继权,严登华,王春乙,等,2012.辽西北地区农业干旱灾害风险评价与风险区划研究[J].防灾减灾工程学报,32(3):300-306.

张建军,盛绍学,王晓东,2014.安徽省夏玉米生长季干旱时空特征分析[J].干旱气象,32(2):163-168.

张丽芳,张鑫,杨存建,等,2018.四川省引扩种苍溪红心猕猴桃的适宜性研究[J].信阳师范学院学报:自然科学版,31(3):408-414.

张淑杰,张玉书,纪瑞鹏,等,2011.东北地区玉米干旱时空特征分析[J].干旱地区农业研究,29(1):231-236.

张素燕,2014.浅析农业气候区划方法[J].农技服务,31(6):153.

张天也,2015.基于 GIS 栅格数据分析的承德区域黄芩适宜性评价[J].农业科技通讯(10):85-87.

张玉芳,王锐婷,陈东东,等,2011.利用水分盈亏指数评估四川盆地玉米生育期干旱状况[J].中国农业气象,32(4):615-620.

PETAK W J,ATKISSON A A,1984. Natural Hazard Risk Assessment and Public Policy:Anticipating the Unexpected[M]. Erdkunde,23-46.

SNYDER R L,MELO-ABREU J P,2005. Frost Protection:Fundamentals,Practice and Economics[M]. IEEE Internet of Things Journal,35-65.